健康「發酵食品」事典

科學 健康 實用

小泉武夫、金內誠、館野真知子——監修 劉冠儀——譯

晨星出版

前言

運用肉眼所看不到的微生物效用，人類創造了稱為「發酵食品」的一大文化。能有這樣的成果，全都是因為對微生物日積月累的研究與理解。誕生於前人孜孜不倦的觀察與豐富的發想，這些智慧的美妙遠遠超越了我們現代人的想像。總之，「發酵」的世界是愈了解就愈能感受到它的優點，而且很愉快。

本書作為幫助大家理解當今備受矚目的「發酵食品」的媒介，以專業的立場將主要的發酵食品及用語，以深入淺出的方式為大家解說。若是能藉由本書吸取到發酵食品的精采與睿智，或是利用發酵食品開發新商品，以及為料理方面提供到幫助的話，我也就算是充分完成了作為監修者的職責。

發酵學者 **小泉武夫**（監修者）

近幾年因「鹽麴」成為熱潮，發酵食品及釀造品再次受到矚目。

本來，藉由微生物的發酵作用製成的發酵食品及釀造品，有著一、能長期保存、二、營養價值高、三、比原料更讓人開胃等優點。舉例來說，起司比起新鮮牛奶更能長時間保存，經由乳酸發酵的優酪更具有機能性。還有，將蒸煮過的米製作成「清酒」，就是透過發酵增添了香氣、風味以及可口度。但是由於近幾年冷藏、冷凍、真空包裝等保存技術的發達，再加上低溫配送等流通技術的進步，發酵食品「長期保存」的用途也就不再受重視。

而對照於此，大家將重點轉移至「營養價值及保健的機能性」與「可口度」。科學界也針對這些領域進行研究，漸漸掌握了各式各樣的健康機能。例如「醋」的促進血液循環作用以及「葡萄酒」的抗氧化機能，都被提出有助於降低相關心臟疾病的風險。

接下來，這本書將以科學的角度，針對發酵食品及釀造品影響的「健康機能」，以及其成因等進行解說。

最後，很榮幸能與大學、研究所時受託關照的恩師小泉武夫老師一同監製本書，真的非常感謝給予我這樣的機會。

宮城大學 準教授 **金內 誠**（監修者）

目次

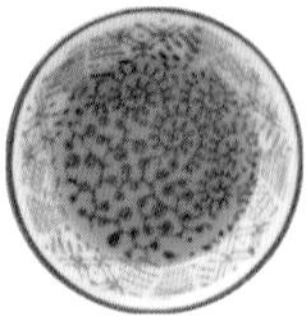

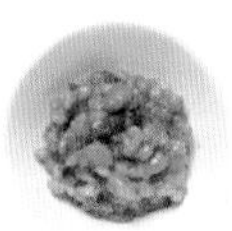

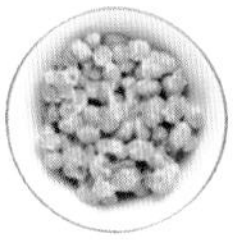

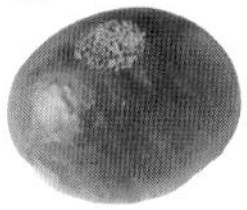

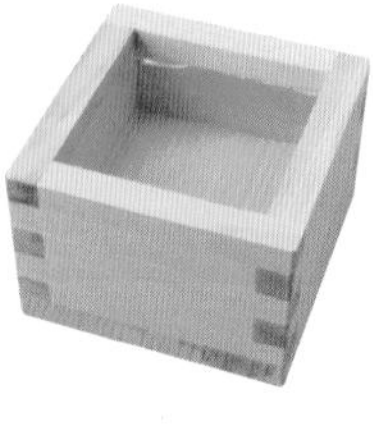

第4章

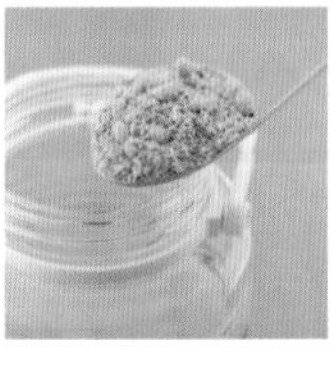

第1章

發酵食物的基礎知識

了解基礎，就能吃得更美味、更健康！

發酵食物是？

不論日式、西式還是中式，
發酵食物早已深根於我們的飲食生活中。
日本更被稱為發酵王國，
因為是發酵食品非常豐富的國家。
今天，你一定也吃到許多發酵食品。

調味料、小菜、甜點、酒……沒有一天會吃不到發酵食品！

請試著回想你今天的早餐。餐桌上擺放著的餐點幾乎都是發酵食品，像是製成味噌高湯的柴魚片就是發酵食品，更不用說味噌。此外，不只是漬物及納豆，就連沾醬用的醬油也是。西式主食則以麵包為首，優格、起司等發酵食品繁多。即使現在不詳細解說，大家的舌頭也都已經充分理解發酵食物的魅力了。

最近成為焦點的鹽麴，以及曾蔚為話題的椰果也都是發酵食品。日本酒、葡萄酒、啤酒等更是不能遺漏的發酵食品呢。

發酵食品不僅容易取得、價格也平易近人，能輕鬆地加入日常飲食中。接下來讓我們一起加深知識，朝著快樂健康的「發酵食品生活」吧！

平日的早餐

洋食

麵包、優格、起司、發酵奶油，平時不太留意著吃下肚的西式早餐，也包含了多樣的發酵食品。

和食

納豆、漬物、味噌、高湯用的柴魚……。飄散著美味香氣刺激著食慾的基本日式早餐，充滿了各種發酵食品。

「腐壞的豆類」明明不能吃「發酵的豆類（納豆）」卻健康美味的理由

討厭納豆的人當中，甚至有人會說出：「納豆不過就是腐壞的豆子！」。但實際上我們並不會因納豆而吃壞肚子。那麼，發酵與腐壞究竟有何不同呢？

烹調豆子前，請先設想以下二條路，且不論哪條路的途中一定都有微生物等待著：第一條路上的微生物是對人類有益的發酵菌。發酵菌負責分解食物所富含的澱粉及蛋白質，並生成帶來美味的胺基酸與糖分。附著發酵菌的煮豆會發酵成納豆，變得更美味且富含營養。牛奶也是經過發酵才變成優酪及起司。

另一方面，第二條道路上等待著的微生物是對人體有害的腐敗菌，造成身體不適的病原菌就是這一類。附著腐敗菌的煮豆會腐壞，不只難吃，還會造成食物中毒。

這二種都是因為微生物而產生的變化，其變化過程也一樣。但是，根據微生物的種類及分解物質的不同，其產物性質也會有所不同。對人類而言，好吃且對身體有益的就稱為「發酵」，反之則被稱作「腐敗」。

發酵食品的形成

❶微生物附著於原料上　❷微生物經過活動　❸完成

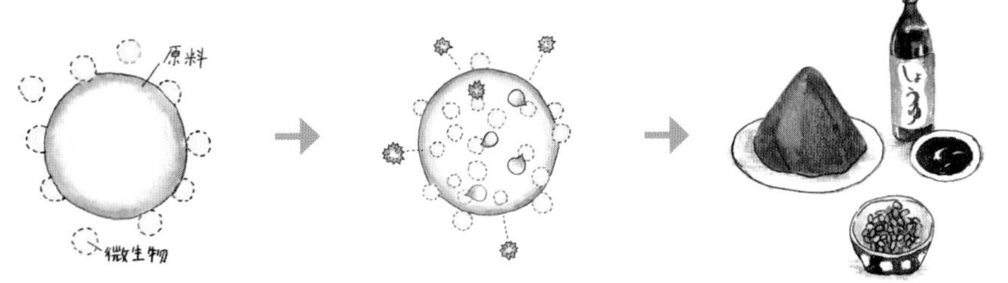

煮過的大豆、米、麥、魚、肉等原料，附著被我們稱為「菌」及「黴菌」的微生物。

微生物會在原料中繁殖，並趕出其他菌種，防止惡菌進入。接著生成營養素與免疫力。

依據微生物的活動，產生美味成分及營養成分，變成好吃又營養的發酵食品。

五星級主廚：微生物

發揮發酵作用的是黴菌、細菌、酵母菌。若處於理想環境，就會以驚人的速度繁殖，具有強大的生命力。

黴菌與細菌很恐怖？很骯髒？那都是誤解！

主宰發酵的微生物，主要是黴菌、酵母菌以及細菌這三大類。其中又分別細分為麴菌、青黴菌等與麵包酵母、啤酒酵母等，以及乳酸菌、醋酸菌等。

一聽到菌、黴，很多人就會聯想到引起生病的原兇。的確，也存在著像是沙門氏菌等會危害人類的菌類，但是進行發酵的，盡是對人類有益的種類。

我們以製作味噌和醬油所不可或缺的麴菌為例，一起來檢視其發生與生長的過程吧。首先，有胞子的植物種子降落在有養分的地方後，發芽的菌絲就會延展。接著從菌絲生長出枝枒，枝頭前端會膨脹形成胞子。新的胞子又會再度降落在有養分的地方、發芽……循環往復，菌類只要有良好的環境，就會快速繁衍壯大。

主宰發酵的微生物

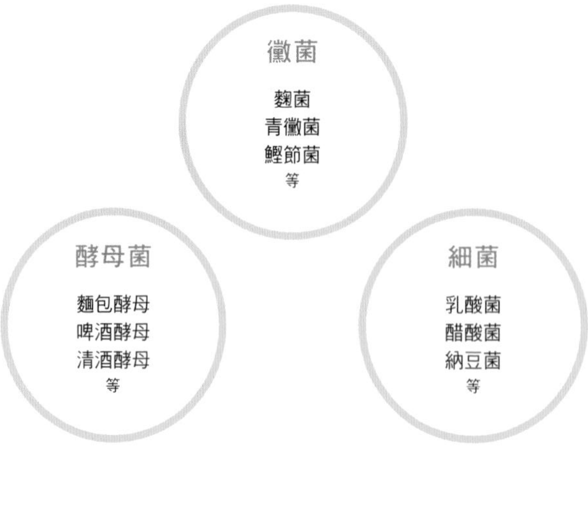

發酵食品的產生 5種微生物

微生物以此五類為代表。
我們可以了解到，
日本醬油及味噌等調味料
是由複數菌種所製造而成。

乳酸菌

以食品所富含的乳糖及葡萄糖為營養源，並分泌乳酸。動物的乳品中加入乳酸菌的話，乳品的酸鹼值會降低，進一步凝固。利用這個性質而製作出的就是優格。最近，能整治腸道蠕動的乳酸菌正受到矚目。

與乳酸菌相關的食品

- 優格
- 醃漬物
- 味噌
- 起司
- 醬油

麴菌

於加熱的穀物上繁殖的一種黴菌，即使在嚴峻的環境也能完美發酵的活力菌種。常被用於日本酒、醬油、味噌等，是製作和食不可或缺的一員。依據作法會產生不同的糖分及胺基酸，為食品增添甜味與風味。

與麴菌相關的食品

- 日本酒
- 味噌
- 米醋
- 醬油
- 味醂

醋酸菌

是將酒精變化成醋酸的菌種總稱。從「醋」的文字組成來看，也能得知醋是由酒經過醋酸發酵所形成的。醋酸菌在發酵的過程會形成膜。椰果就是利用這種性質所製成的。

與醋酸菌相關的食品

- 醋
- 椰果

酵母菌

蔬菜的表面、空氣中、土壤裡……酵母菌生息於自然界的各個地方。發酵的過程會分解糖，並轉化產生二氧化碳與酒精，利用這個性質就能製造出酒。麵包會膨脹也是因為二氧化碳的移動所造成。並因為酒精，而散發出香氣。

與酵母菌相關的食品

- 葡萄酒
- 醬油
- 麵包
- 日本酒
- 味噌

納豆菌

於秸稈上生息的細菌。於加熱過的大豆中加入使之發酵，就會分解蛋白質並生成胺基酸。牽絲的納豆便完成了。經過發酵的過程所產生的維生素B_2是煮過的豆子的六倍，維生素K_2的富含量也竟然是其他發酵食品的數百倍。

與納豆菌相關的食品

- 納豆

發酵食品的歷史

發酵食品是深根於當地氣候、風土、食物文化的傳統食物。在此介紹世界各地的發酵食品與其歷史。

環境適合黴菌生長的國家真是太棒了!? 利用麴菌的食品相當豐富

日本在舊石器時代時，就會以小米、稗與橡果為原料釀造酒。當時的作法是將原料放入口中用牙齒咬碎，再放入容器儲存放置。唾液中含有的消化酵素，會將原料中的蛋白質分解並生成葡萄糖，再與空氣中的酵母混合，發酵作用就此產生。

隨著時代演進，大約於奈良時代時，日本人已掌握麴菌的發酵技術，可以做出醋、醬油與味噌等，食品的製作愈加開闊起來。溼氣多的日本，具有利於黴菌生長的環境。與歐洲相較，以日本為首的亞洲各國，利用黴菌的發酵品非常繁多。

以日本各地的發酵食品來說，東京都的臭魚乾、石川縣的河豚卵巢米糠漬……適合下酒、配飯的食品非常多元。

日本主要的發酵食品

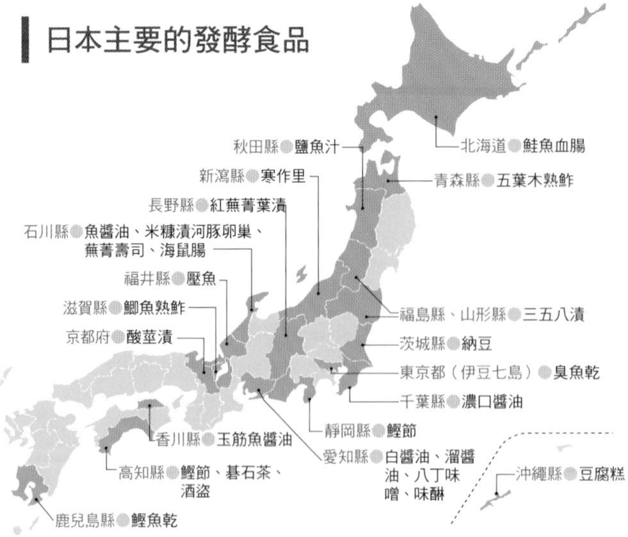

即使不知道發酵過程為何也能了解「變得美味的魔法」！

現在，讓我們試著把眼光投向全世界。人類史上最早出現的發酵食品，普遍認為是六年前的酒或是發酵乳。

將葡萄等水果連皮一起搗碎保存，附著於果皮上的酵母菌就會開始作用，促使酒精產生。蜂蜜與水混和也會發酵產生酒精。像這樣的水果酒及蜂蜜酒，就是酒的起始點，並存在著起源地為中亞或中國的說法。

發現發酵乳的是中亞的遊牧民族。將山羊及綿羊的乳品放置一段時間後，察覺到會帶有酸味。乳酸菌生存於草、動物的乳房及空氣中。考量到亞洲草原地帶的溼度較低，黴菌及腐敗菌也較少，因此當時應該是以緩慢的速度發酵。

發酵食品分布於全世界，但是即使相距遙遠的兩地，也會有共同的東西，如醃漬物、魚露、鮓等。

因微生物的發現，而能解明發酵的過程是在進入十七世紀的時候。從前的人一定對放置過的食物能變得美味、膨脹、香氣的「魔法」感到驚奇吧。即便不知道複雜的化學歷程，依然著迷於發酵的不思議，並將之作為飲食文化，珍惜地守護傳承下去。

世界主要的發酵食品

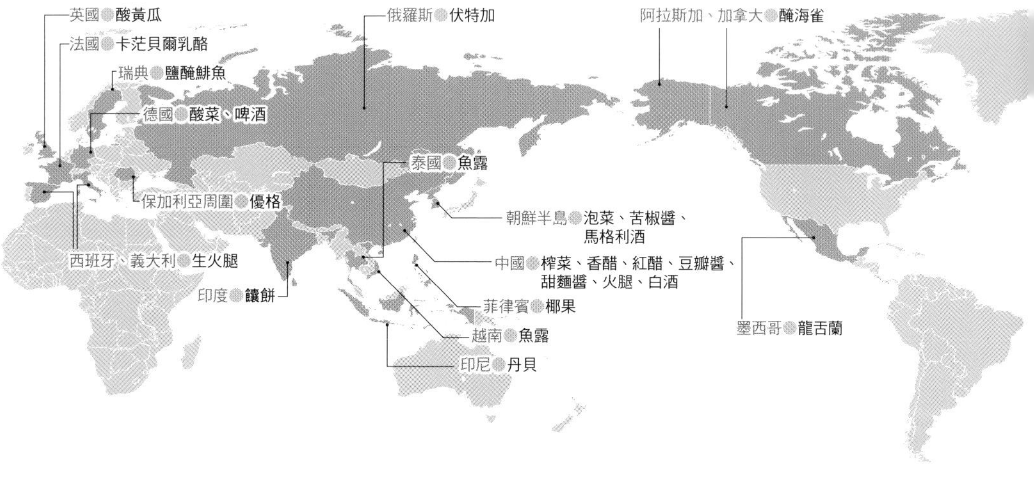

發酵食品4大魅力

好吃、健康、易保存
並會不自覺上癮。
愈了解就愈有好感的發酵食品，
將他的魅力以四項重點進行徹底分析！

1 促進健康與活力

食品會根據發酵程度的不同，不只能享受味道及香氣的變化，營養價值也會大幅提升。像是大豆經過發酵所製成的納豆，維生素B_2增加六倍、葉酸變成三倍。維生素B_2能促進脂質的代謝，守護黏膜。葉酸能有效預防貧血。兩者都是應積極攝取的營養素。

發酵的過程也會生成新的物質成分。例如納豆的獨特黏性，就是鮮味成分的麩胺酸與多糖類果聚醣所結合的黏質，是構成可以保護胃壁的黏膜的成分。也具有預防血糖值上升、降低膽固醇的效果。再加上含有能溶解血栓的納豆激酶、以及可以增強骨骼的維生素K_2，使之發展成無敵的食品。

發酵能對澱粉及蛋白質等多種營養素進行分解也是一大優點。由於不需要透過體內的消化器官進行分解，因而能順利地吸收，不會對身體造成負擔。

還有一點值得高興的是，經由發酵的甘酒，是富含了人體所需要的胺基酸、葡萄糖、維生素的營養食品，其成分幾乎與點滴相同。這下你總算知道這是多麼優秀的天然食品了吧。

整治腸道環境 提高免疫力

益生菌VS致病菌 援護腸內的勢力爭奪

人類的腸道大約存在一百兆個菌。分別是有益的「益生菌」、有害的「致病菌」，以及可以變成益生菌或致病菌的「中性菌」。他們每天上演著勢力爭奪戰。乳酸菌能幫助益生菌，抑制會引發便祕及肌膚問題的致病菌。提升免疫力，支援建構健康的身體。納豆菌也是，能抑制造成腹瀉的致病菌的活動，具有整治腸道環境的力量。

一公克的漬物約含有數千萬至一億個乳酸菌，而一公克的納豆則存在約十億個納豆菌。

【有此作用的有……？】
- 優格
- 乳酪
- 漬物
- 納豆

提升代謝 打造不易發胖的體質

不向年齡低頭 發酵食品瘦身法

隨著年齡的增加變得越來越不易瘦的原因是，將食物轉換為能源的代謝作用變得遲緩。發酵食物所包含的維生素B群等，具有促進代謝的作用。

尤其推薦醋，醋能夠促進血液循環、提高代謝降低膽固醇值、並有助於鈣質的吸收。其他像是韓式泡菜，伴隨著乳酸菌，還有大量能促進整腸作用的膳食纖維。一起聰明的將之加入飲食生活吧！

【有此作用的有……？】
- 醋
- 韓式泡菜

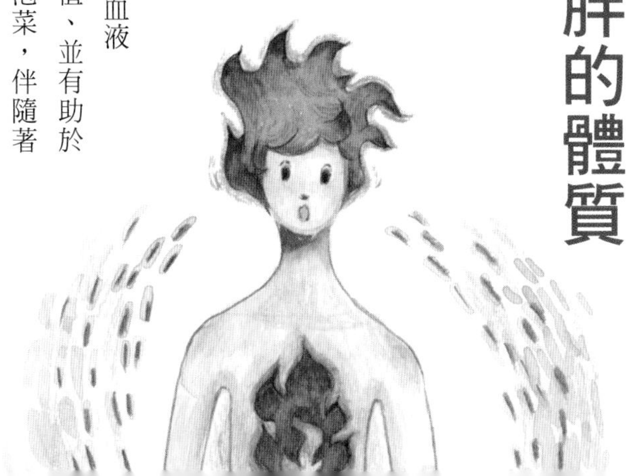

排出囤積的老廢物質

血液大掃除 從內而外清爽起來

發酵食品含有的乳酸菌能整治腸道環境，促進老廢物質的排出。有便祕體質的人，可以靠優格以及韓式泡菜來改善！

另外，若體內的血液過於濃濁，便無法運送老廢物質。大豆含有的異黃酮具有能減少血液中的壞膽固醇的作用。異黃酮經過發酵後，會變成人體易吸收的型態。透過攝取納豆及味噌等原料為大豆的發酵食品，朝向清爽乾淨的血液邁進吧！

【有此作用的有……？】
- 優格
- 韓式泡菜
- 馬格利酒
- 味噌
- 納豆

降低癌症的風險 預防生活習慣病

從年輕起就謹記在心的預防對策

具有抗氧化作用、整腸作用的發酵食品，可以有效預防癌症及生活習慣病。

另外，大豆含有的異黃酮被認可具有降低女性乳癌風險的效果。而其發酵品——味噌、醬油、納豆等更具有除去附著於血管壁及細胞膜上的壞膽固醇的功用，預防高血壓。最近也有研究報告顯示，酒粕具有抑制血壓上升的機能。

【有此作用的有……？】
- 納豆・醬油・酒粕
- 味噌・葡萄酒

抗氧化作用 預防衰老

去除老舊細胞！身體煥然一新

隨著體內活性氧的累積，身體會氧化生鏽、老化，而發酵食品即具有優異的抗氧化作用。

食物中含有的抗氧化物質有胡蘿蔔素、多酚、黃酮類化合物等，但其在一般狀態下無法充分地活動，發酵後則會增強，擊退體內生鏽的細胞。

另外，經由發酵生成的胺基酸及酵素，透過促進新細胞的生成，美肌效果也令人期待。

【有此作用的有……？】

- 葡萄酒
- 味噌
- 丹貝
- 馬格利酒

振奮心情 有效舒解壓力

心理及身體的潛力UP 讓自己變得不屈不撓！

以具抗壓作用備受矚目，稱作GABA（γ-胺基丁酸）的一種天然胺基酸，能安定過度興奮的大腦，有助於放鬆。現在市面上添加GABA的零食、飲料以及營養品愈來愈多，但其實味噌、納豆、米糠漬物及韓式泡菜裡都有這種成分。

當身體疲憊，壓力也更容易累積，這時候就推薦喝甘酒。據說養成每天飲用的習慣，就能打造不易疲勞的身體。另外，醋也有助於消除疲勞。

【有此作用的有……？】

- 味噌・納豆・丹貝
- 甘酒・醋

2 孕育濃厚的風味

「啊——真好吃！」融化舌頭與心靈，鮮味的真面目

早晨，喝一口入味的味噌湯，臉上不經意地綻放幸福的笑臉，這樣的經驗大家都有過。發酵食品就是甜得能融化內心，鮮味滿載的食物。

食物所包含的蛋白質及澱粉，並不帶有味道及香氣。但若經過發酵，將物質分解，變成葡萄糖及胺基酸，甜味及鮮味就出現了。白飯愈嚼愈香甜，就是因為唾液中的酵素將澱粉轉化成葡萄糖。發酵也是同樣的原理。

除了酸、甜、苦、鹹，日本人再加上一樣「鮮味」。鮮味的主要成分是由日本人發現的，這說明了吃著豐富發酵食品的日本人，具有能感受到鮮味的纖細味覺。

鮮味也能有效預防攝取過多鹽分。減鹽菜單也常利用高湯或醋，讓料理的美味度一如往昔。

納豆變好吃的運作原理

❶豐富的大豆蛋白質　❷納豆菌的增殖　❸生成胺基酸

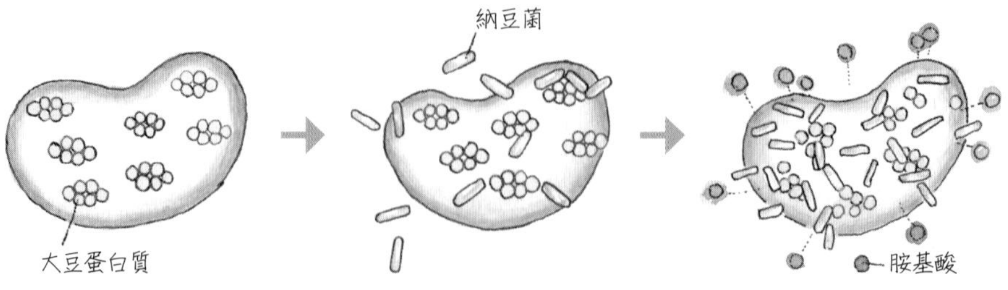

煮過的大豆富含蛋白質。

納豆菌附著於蛋白質並進行繁殖。

納豆菌的酵素分解蛋白質並生成胺基酸。

「好臭！但我喜歡！」欲罷不能的味道

參見下表你就會發現日本的發酵食品還是很香的！世界各地還有眾多味道強烈的發酵食品，如瑞典的鹽醃鯡魚就是將剖開的鯡魚用鹽醃漬使之發酵；還有直接用鰩魚生魚片製作的洪魚膾，其強烈像氨的刺激性味道，讓人忍不住狂飆眼淚。

微生物發酵過程中排出的代謝物質，說白了，就是糞便般的東西，一般被認為是臭味的源頭。但我們並不是絕對討厭這樣的味道，它反而會勾起我們的食慾。人體中有一百兆個微生物生息著，因此人類本身的味道跟發酵食品其實相當接近。

雖說如此，但也不是所有的發酵食品都會覺得好吃，其中一定還是有沒辦法入口的食物。這個狀況與文化背景有關，我們可以以主食的不同來做考量。以米飯為主食的民族，通常喜歡炊煮米飯時所產生的硫磺類氣味。這個與澤庵漬是同一種味道。另一方面，以麵包為主食的民族，更喜歡烤製食物的香氣，以及醺製的香味，也會在黑啤酒及威士忌中加入煙燻風味。由此可知，主食的料理方式不同，也會影響口味的喜好。

臭味發酵食品排行榜

藉由稱作「Alabaster」的臭味量測儀器所調查的結果。數字愈大代表氣味愈強烈。

排行	食物名	單位（Au）
1	剛開罐的鹽醃鯡魚 (Surströmming)（瑞典的鯡魚罐頭）	8,070
2	洪魚膾 (Hongeohoe)（韓國的鰩魚料理）	6,230
3	Epicure cheese（紐西蘭的罐裝起司）	1,870
4	醃海雀（加拿大因紐特人在吃的海雀的發酵食品）	1,370
5	剛烤好的日本臭魚乾	1,267
6	日本鮒壽司	486
7	納豆	452
8	未烤的日本臭魚乾	447
9	日本黃蘿蔔乾	430
10	臭豆腐	420
11	越南魚露	390

3 提高保存期限

不只可保護食物遠離腐敗菌 還能鎖住食物的美味！

對於生活在沒有冰箱的人類來說，食物能不能長期保存是關係到生命的迫切問題。於是他們絞盡腦汁地想出了確保一整年都能有穩定食物的智慧，包括將食物乾燥、燻製、用鹽或砂糖醃漬，或是使之發酵，每一種都能有效抑制腐敗菌的繁殖增生。

為什麼經過發酵，腐敗菌就不會增長呢？在微生物的世界中，當環境中的微生物達到一定數量，其他的微生物就無法繁殖。所以當運行發酵作用的微生物愈多，腐敗菌就愈無法靠近，這樣就能達到保存的效果。另外，經由發酵產生的乳酸、醋酸以及酒精，也有殺菌的效果，使其他菌種更加難以增殖。

利用這種作用，世界上也存在號稱「數十年的」發酵食品。但是，我們平常吃的發酵食品上依然明載著賞味期限對吧？由於為了避免「風味改變」、「無法保證品質」等理由，還是留意一下吧。

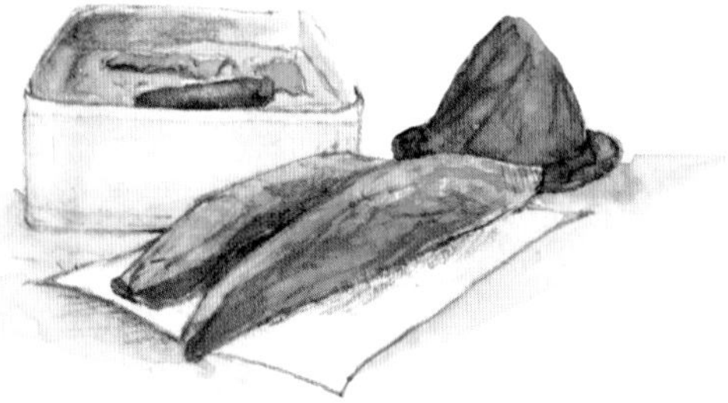

食物的保存方法

❶乾物
經由乾燥減少水分，能夠抑制微生物的增殖。

❷醃漬
在表面鋪上鹽等，能去除水分。進階調整鹽量，就能防止發酵及細菌繁殖。

❸燻製
經由煙燻去除水分的同時，還有殺菌的作用。

❹發酵
藉由發酵菌的繁殖，讓腐敗菌無法靠近。

4 取得微生物的力量

凝聚數億生命的發酵食品 愈吃愈能湧現生命力

微生物的大小，是一毫米的百分之一、千分之一，超乎想像的微小。若我們具有超高性能的眼力，打開優格的瞬間、入手糠床的瞬間，一定就能看到充滿活力的微生物努力的姿態吧。一公克的納豆約有十億個納豆菌，一公克的漬物或優格約有數千萬至一億個乳酸菌生息著。

就像前面所介紹的，微生物和人類一樣，進食、消化吸收、生長，並漸漸增加自己的同伴。例如，附著在葡萄上的一個酵母細胞，在條件完備的情況下，與發酵之前相比，十二個小時後大約會變為千倍，二十四個小時後竟然會增加至一千萬倍以上！具有相當豐盛的生命力。也就是說，食物藉由微生物努力生存的過程產生「變化」，最後成為讓人類能夠享受「美味」及「營養」的讓人感激的存在。

不論是肉或蔬菜，進食就是一種「領受生命」的行為。發酵食品也是一樣的道理。我們每天將充滿活力的微生物大量攝取進身體中。

在這之中並不只是美味及營養，還能增強力量。愈吃愈能湧現生命力，真不愧是發酵食品的魅力！

不光只是「吃」！
發酵的力量

成就無數美味又營養之食品的發酵之力，其功績不光只在於食品。日常生活中各式各樣的場景，也借助著發酵的力量。

例如廢水的處理。排放到汙水處理廠的汙水，除去垃圾及砂石等之後，會送入微生物（微生物汙泥）及空氣進行發酵。經由此舉，廢水中的有機物會被微生物分解，進而淨化水質。

另外，醫藥品也跟發酵作用有關。抗生素的代表之一青黴素，是由一種青黴菌所提煉而出，因為具有防止其他微生物增長的效果，一般用於疾病及傷口的治療。現在，四千多種抗生素中，約有一百種是經由發酵作用所產生，並已投入實用中。

還有，洗除衣服髒汙的酵素也是由微生物發酵生產的；廣為流傳的美麗染物「藍染」也是依賴發酵而誕生。日常生活中，我們早已被發酵的力量透過各種面向而支撐著。

第2章

發酵食品圖鑑

囊括調味料、蔬菜、豆類及飲料等，共介紹１２２個品項

「發酵食品圖鑑」的參考法

A

米糠漬

在米糠中醃漬 日本的典型代表

米糠漬為日本的代表漬物之一。將蔬菜等食材，放入精米時的副產物米糠中醃漬，透過乳酸菌及酵母使其發酵。

經由醃漬過程讓米糠中含有的豐富營養能浸透食材，發酵後所增添的風味及香氣更能促進食慾，也因此能將富含膳食纖維的蔬菜輕鬆攝取進體內。

B

・蘿蔔漬
・小黃瓜米糠漬 等

F

自製食譜 ➡ P.156

G

●主要原料
蘿蔔、小黃瓜等蔬菜、米糠、鹽

●主要營養成分
鈉、鉀、磷、維生素A、B_6

H

●熱量
27kcal

●鹽分含量
5.3g

※米糠漬小黃瓜的數值

C

對身體的功效

- 整治腸胃 ☆
- 提升免疫力
- 增進食慾
- 放鬆身心

食用祕訣 D

一般搭配飯或當作配茶小點直接吃入口。特別的是靜岡縣濱松市地區，會將切碎的蘿蔔乾放入御好燒中當食材使用。

保存方法 E

冷藏保存。自家製的米糠床保存於陰暗處，夏天則置於冷藏。

A 發酵食品的名稱

B A所包含的食品種類

C 對身體的功效

介紹各食品中被期待的主要作用。星星記號為特別受矚目的功效。

D 食用祕訣

介紹引出美味的食用方式與變化的方法。

E 保存方法

整理基本通用的保存方法。市售品的部分，由於不同商品會有各式的保存法，請依照各商品的標籤指示。

F 索引

在別的章節中介紹的食譜，附註其刊載頁數於一旁。

G 主要原料、主要營養成分

「主要營養成分」為依據「日本食品標準成分表2010」所記載。

H 熱量、鹽分含量

引用於「日本食品標準成分2010」，食用100g的數值。部分數值為特定商品的製造商及監修者所計算。

食品的作用會根據個人體質的不同而有所差異。患有疾病的人、常來往醫院的人等，請先洽詢醫師意見。另外，若是過量攝取單一食品，反而會招致身體不適，請多加留意。切記，飲食的不二法門即為均衡並適量攝取各式各樣的食品。

進一步認識發酵食品！

「健康&營養」用語集

解說本章節會提到的健康及營養相關用語。
請在閱讀食品的營養素及作用時作為參照。

熱量
由三大營養素蛋白質、脂質及醣類（碳水化合物）所提供，是生命活動的必須能源。一般稱為「卡路里(kcal)」，為營養學表示熱量的單位。

鹽含量
食品中包含的鹽分量，由鈉值計算而出。

代謝
從食物攝取的營養素，經由體內吸收、利用、排出體外的一連串過程。

老廢物質
經由身體代謝所產生出的不必要物質。

抗氧化
攝取進體內的氧氣，會變化成為造成老化及疾病原因的自由基，進而影響身體。「抗氧化」就是指抑制氧化的作用。

酵素
消化、代謝等，牽涉著各式各樣生命活動的物質。除了體內，蔬菜及水果、微生物等也含有酵素。

胺基酸
蛋白質的組成要素。而構成人體的胺基酸大約有二十個種類，其中無法在體內自行生成的稱作「必需胺基酸」。

蛋白質
構成肌肉、皮膚、毛髮等組織，除了作為酵素及荷爾蒙的原料調節體內的代謝，也是身體運作的能量來源。與脂質、醣類並稱「三大營養素」。大多富含於肉、魚、大豆、蛋及牛奶中。

脂質
主要由中性脂肪與膽固醇所形成，作為製造荷爾蒙的原料。另外，也是產生身體能源的主要物質。

醣類

大致區分為糖質與食物纖維。糖質為穀物及砂糖類的主要成分，可更進一步細分為葡萄糖等的單醣類、乳糖等的雙醣類及澱粉等的多醣類。

礦物質

不只是構成人體，也具有維持、調解身體機能的功能。有鈉、鉀、鈣、鎂、磷、鐵、鋅及銅等種類。

鈉

維持細胞水分的濃度及平衡，關係著神經及肌肉內細胞的活動。

鉀

與鈉離子取得平衡的同時，維持著細胞的活性。也是保持肌肉、心肌收縮及神經傳導正常運作所不可欠缺的要素。

鈣

骨骼及牙齒的主要構成元素。也關係著血液的凝固及神經傳導。

鎂

構成骨骼及牙齒的營養素。與鈣以及磷共同為構成骨骼的礦物質。

磷

與鈣同為構成骨骼的主要成分。除了為構成細胞膜的成分，在製造能量時也扮演著重要的角色。

鐵

運送氧氣於全身的血紅素的構成成分，存在於紅血球中。

鋅

以參與蛋白質合成的酶為首，為多種酶的組成成分。另外也是調節血糖的胰島素的成分。

銅

主要存在於骨骼及肝臟，並輔助鐵生成紅血球。

維生素A

在蔬菜中以胡蘿蔔素的型態存在，鰻魚及肝臟中以維生素A的型態存在。在陰暗處得以維持視力、保持皮膚及黏膜的健康，也關係著免疫機能。

維生素B_2

蛋白質、脂質及醣類轉換為能量的必須物質。能確保眼睛、皮膚、口腔黏膜的正常運作。

維生素B_6

腸內細菌唯一可合成的維生素，雖然數量極少。可促進蛋白質及脂質的代謝。另外，也合成神經傳導物質。

維生素B_{12}

動物性食品中富含的維生素。與葉酸同為關係著細胞DNA的合成。尤其是輔助紅血球生成血紅素，也參與神經的傳導。

維生素C

具有生成、保持膠原蛋白的作用。除了參與膽固醇的代謝，也幫助促進鐵的吸收。

維生素E

高度抗氧化作用，有效幫助抗老。防禦LDL（低密度脂蛋白）膽固醇的氧化，以及預防動脈硬化。

維生素K

幫助血液正常凝固所不可欠缺的物質。也促進骨骼的形成。

菸鹼酸

一種能溶於水的水溶性維生素，促進醣類、脂質、蛋白質的代謝以及酒精的分解。經由人體代謝，可以協助DNA的合成。

葉酸

合成DNA的必要物質。特別是對於細胞分化旺盛的胎兒而言為重要的營養成分，懷孕必須要留意避免攝取不足。也關係著紅血球的形成。

脂肪酸

組成脂質的成分。包括亞油酸及油酸等，有四十個種類以上。

膽固醇

脂質的一種。能在體內合成，具有促進消化道機能及腸胃蠕動的效用。可分為HDL（高密度脂蛋白）膽固醇與LDL（低密度脂蛋白）膽固醇二種，HDL能將血管中多餘的膽固醇回收於肝臟，能有效幫助預防動脈硬化。另一方面，LDL則是將膽固醇從肝臟運送至血管或組織。若是LDL增加過多，就會堆積於血管壁並氧化，通常被指稱為動脈硬化的成因。

膳食纖維

無法被人體的消化道酶分解的成分，又可分為能溶於水的水溶性纖維素，以及不溶於水的不溶性纖維素。水溶性纖維素，能幫助抑制血糖的急遽上升及膽固醇的吸收。並且，能促進排出納離子，預防高血壓。不溶性纖維素，能刺激腸道蠕動等，幫助改善腸道環境。

多酚

為植物的色素、澀味、苦味的成分。藍莓及葡萄的紅色色素「花色素苷」、造成綠茶苦味的成分「兒茶素」、大豆中所包含的「異黃酮」等多種物質。具有抗氧化作用，有助於抗老化。

醬油

濃縮大豆的鮮味 種類及用途豐富的萬能調味料

醬油的起源地一般說法是中國以及東南亞，其根源為將肉、魚或蔬菜與鹽混和保存的食物「醬」。醬從中國傳至日本後，經過日本獨自的發展而誕生了味噌。之後，味噌桶中殘留的醬汁就發展成了醬油。

一般醬油的主要原料為脫脂大豆，製麴的穀物則以小麥為主體。小麥需先經過煎製，讓成為麴菌養分的澱粉更容易被消化。再將其與蒸煮過的大豆混合，讓麴菌散布胞子，耗時大約三天。接著加入鹽水釀製成為醪，醪經過長時間發酵、熟成後，經過濾布壓榨就成了醬油半成品，最後再加熱殺菌便大功告成。

根據日本農林規格（JAS），醬油會依照種類、製造方式、等級等進行分類。現在的濃口醬油為比例占80％以上，接著淡口醬油大約是14％左右，剩餘的則是溜醬油及再仕入醬油、白醬油等。

醬油的主要產地

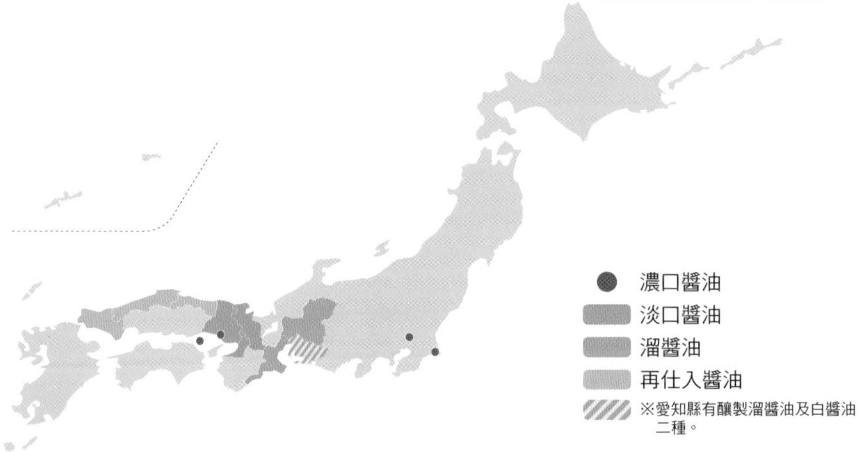

※再仕入醬油除了山陰地區，九州部分地方也有釀製。

濃口醬油

各式料理都百搭 日本最具代表性的醬油

將醬油麴放入鹽水中釀製，經過六至八個月發酵、熟成而製。顏色呈現明亮的紅褐色，作為料理調味或桌上沾醬皆適合，最常被消費購買的醬油。主要生產地為千葉縣的野田及銚子、兵庫縣的高砂、香川縣的小豆島等等。

活用食譜 ➡ P.130、136、141、145
自製食譜 ➡ P.150

- **主要原料**
  大豆、小麥、鹽
- **主要營養成分**
  蛋白質、納、鉀、鈣、維生素B_2
- **熱量**
  71kcal
- **鹽分含量**
  14.5g

對身體的功效
- 增進食慾
- 預防骨質疏鬆
- 降低癌症風險
- 預防動脈硬化

食用祕訣
除了燉煮等料理用，也能作為淋醬、沾醬和沙拉醬等。用途非常廣泛的萬能調味料。

保存方法
避開陽光直射，於陰暗處保存。開罐後需冷藏。

淡口醬油

清淡的顏色及香氣 彰顯食材的天然滋味

以京阪神為中心，主要生產於關西地區。製造方式與濃口醬油差不多，但在蒸煮大豆時，為了避免成品有顏色而不施加壓力，小麥的煎法也經過控管。釀造時會加入米麴製成的甘酒讓味道富有深度。為了突顯食材的味道及色澤，醬油的顏色、口味較淡，含鹽量較高為其特徵。

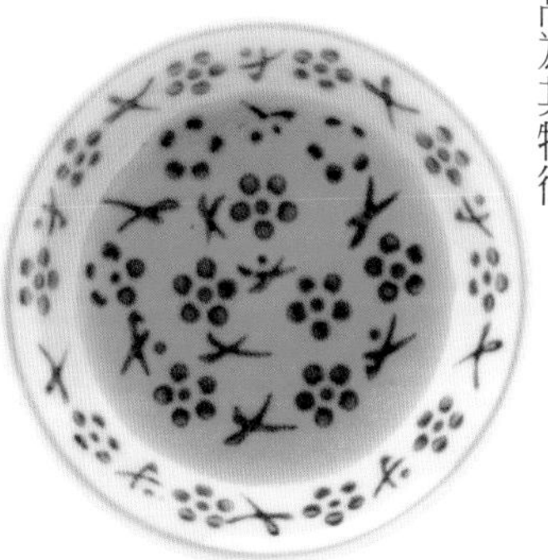

- **主要原料**
  大豆、小麥、鹽
- **主要營養成分**
  蛋白質、納、鉀、鈣、維生素B_2
- **熱量**
  52kcal
- **鹽分含量**
  16.0g

對身體的功效
- 增進食慾
- 預防骨質疏鬆
- 降低癌症風險
- 預防動脈硬化

食用祕訣
由於是顏色較淡、抑制著香味的醬油，推薦使用於炊煮、燉煮等活用食材原味及顏色的料理。例如炊飯、涼拌等，用途廣泛。

保存方法
避開陽光直射，於陰暗處保存。開罐後需冷藏。

溜醬油

大量大豆長時間熟成 具備濃厚香醇的風味

濃口醬油的大豆及小麥原料比率為1：1，溜醬油則是大豆占大部分。經由約一年的時間發酵、熟成的醬油，與發酵豆味噌上層清透的部分相似。由於大豆較多，黏滑的濃厚風味為特徵。主要於愛知縣、三重縣及岐阜縣生產。

- **主要原料**
  大豆、小麥、鹽
- **主要營養成分**
  蛋白質、納、鉀、鈣、維生素B6
- **熱量**
  111kcal
- **鹽分含量**
  13.0g

對身體的功效

- 增進食慾
- 預防骨質疏鬆
- 降低癌症風險
- 預防動脈硬化

食用祕訣

當作生魚片醬油、沾醬等，或是用於照燒、煮物或仙貝等米菓的調味等。味道濃郁，是佃煮等鹹味較重料理的至寶。

保存方法

避開陽光直射，於陰暗處保存。開罐後需冷藏。

再仕入醬油

醬油再度熟成 二次入桶釀製的濃郁風味

山陰地區與九州部分區域使用的特產醬油。從醬油麴製成醪時，將普通醬油所使用的食鹽水替換成已經做好的生醬油，這就成為了再仕入醬油。顏色接近黑色、味道及香氣都很濃郁，也被稱作「甘露醬油」及「刺身醬油」。

・刺身醬油

- **主要原料**
  大豆、小麥、鹽
- **主要營養成分**
  蛋白質、納、鉀、維生素B1、B6
- **熱量**
  102kcal
- **鹽分含量**
  12.4g

對身體的功效

- 增進食慾
- 預防骨質疏鬆
- 降低癌症風險
- 預防動脈硬化

食用祕訣

搭配生魚片、壽司、冷豆腐及燙青菜等放於桌上直接使用，或者用沾、淋的方式。也推薦使用於薄切鮪魚片或和風沙拉醬。

保存方法

避開陽光直射，於陰暗處保存。開罐後需冷藏。

白醬油

能保留料理的顏色
琥珀色般透明的醬油

與淡口醬油相比，色澤更加淡薄，接近透明的醬油。原料幾乎以小麥為主，只有使用少量的大豆。與淡口醬油相同，為了讓顏色更清淡，釀造時提高水分的含鹽量，熟成時間縮短至大約三個月。味道清淡、甜味明顯與獨特的香味為其特徵。主要於愛知縣生產。

- **主要原料**
  小麥、大豆、鹽
- **主要營養成分**
  蛋白質、納、鉀、維生素B_1、B_{12}
- **熱量**
  87kcal
- **鹽分含量**
  14.2g

對身體的功效

增進食慾

食用祕訣

色澤清淡因此更能活用食材的原色，最適合蔬菜的煮物、清湯及茶碗蒸等料理。將白醬油加入高湯就成了「白高湯」，作為醬油的加工調味料也很方便。

保存方法

避開陽光直射，於陰暗處保存。開瓶後放置於冷藏。

加工醬油

以醬油為基底
便於使用的調味料

市面上販售著多種以醬油為基底製造的商品，如高湯醬油、麵味露、柚醋醬油與醬汁。除了能節省調味的時間，以合宜的價格就能品嘗道地的味道而非常方便。最近也出現「生蛋拌飯專用」或「冰淇淋專用」等限定特定料理的個性派專用醬油。

- **主要原料**
  醬油
- **主要營養成分**
  蛋白質、納、鉀、維生素B_{12}
- **熱量**
  44kcal
- **鹽分含量**
  3.3g

※麵味露的數值

對身體的功效

增進食慾

食用祕訣

麵味露不僅限於麵類使用，如同高湯醬油也能用於煮物及炸物沾醬。在燒肉、壽喜燒、串燒的醬汁中加入，立即就能享受專業的味道。

保存方法

避開陽光直射，於陰暗處保存。開瓶後放置於冷藏。

亞洲各國的醬油

**亞洲各國有著各式各樣
使用不同原料及製法的醬油，
讓我們一起來一探究竟。**

中國 CHINA

生抽（左）、老抽（右）

二種都是以大豆、麴、鹽等為主要原料，經過發酵製造。生抽的熟成時間較短所以顏色較淡，看起來與淡口醬油相似，味道濃郁、風味醇厚為特徵。老抽則是在生抽中加入焦糖加熱，再進行熟成的製品，顏色比生抽濃濁、甜味明顯為其特徵。

韓國 KOREA

韓式醬油

與日本的醬油相似，常被用於煮物及調味料的基底。以傳統的製法來說，在釀製韓式味噌的大醬時，將發酵的大豆過濾後得到的液體進行熟成就完成了。韓式醬油又可分為適合湯物及涼拌菜的「湯醬油」，或是使用於煮物等鹽分較少且具有甜味的「濃醬油」等多樣種類。

印度尼西亞 INDONESIA

印尼醬油

以大豆為原料製造的液態調味料，有鹹味明顯的「鹹醬油（Kecap Asin）」與口味偏甜的「甜醬油（Kecap Manis）」二種。鹹醬油與日本一般醬油的味道相近，而甜醬油加入了黑糖、焦糖、薑、芫荽等，特徵是濃稠且有顯著甜味。

泰國 THAILAND

泰式醬油

泰國常見的是魚露（nam pla），但也有以大豆製作的醬油。泰式醬油可分為濃口與淡口，濃度較高且較甜的為「黑醬油」；濃度較低，味道較為平和的為「白醬油」。黑醬油加入了糖水增添甜味，如同溜醬油較為濃郁，適合當作醬汁或燉煮料理使用。白醬油多用於煮物及炒菜。

菲律賓 PHILIPPINES

菲律賓醬油

傳統的製法為將煮過的大豆混和小麥粉，加入麴並放置約一星期。接著置於太陽下乾燥，加入鹽水後放置於屋外進行為期兩個月的發酵、壓榨、過濾等製程。有的還會添加焦糖或胺基酸液，具有各式各樣的種類。廣泛應用於魚、肉類等料理，在添加焦糖的醬油中，再加入生辣椒與萊姆，就能做出美味的醬汁。

魚露

以海鮮等水產為原料製成世界最古老的發酵調味料

魚露，是一種不使用穀物，而是以海鮮河鮮為原料製成的調味料。將魚、蝦及魷魚用大量的鹽醃漬，藉由魚肉及內臟的蛋白酶作用與微生物的參與，使其發酵成為醬油。

日本、中國、朝鮮半島、泰國、越南、柬埔寨、馬來西亞、印度尼西亞、孟加拉、菲律賓等地區皆有使用，並以東南亞地區最常見。西歐也曾使用過，古羅馬帝國時代稱為「GARUM」的一種魚露，與「醋」同為現存已知的世界最古老的調味料。

日本有些地方也還存有魚露的文化，像是秋田縣的「しょっつる」（鹹魚汁）、能登半島的「いしる」（魚醬油）、香川縣「いかなご醬油」（玉筋魚醬油）為日本代表性三大魚露，多用於鄉土料理等。

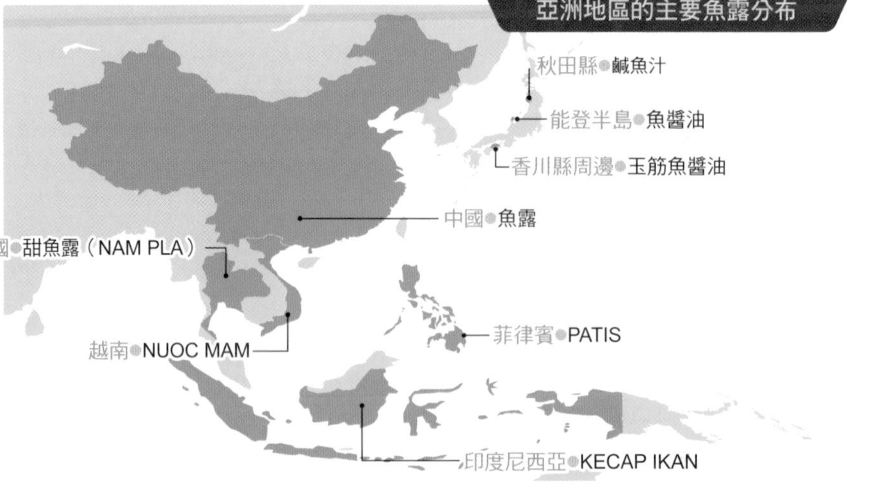

※蝦醬被使用於中國及東南亞地區。

鹹魚汁

高級魚種叉牙魚製成的夢幻魚露

鹹魚汁是將去除頭、內臟、尾巴的叉牙魚與鹽、麴混和，放入木桶中經過一年發酵的製品。也有不放麴，單純只用叉牙魚與鹽的製作方式。隨著叉牙魚的漁貨量減少，逐漸以沙丁魚或竹筴魚取代，叉牙魚的鹹魚汁也就成了稀有珍品。

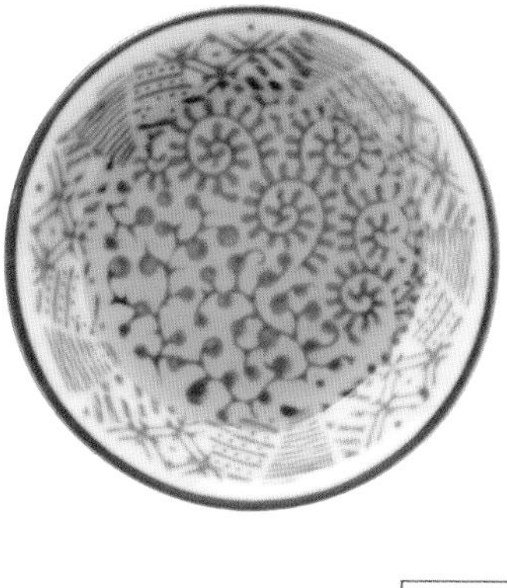

- **主要原料**
  叉牙魚、鹽
- **主要營養成分**
  —
- **熱量**
  —
- **鹽分含量**
  —

對身體的功效

增進食慾

抗老化

食用祕訣

加熱後能增加甜味及風味，令人在意的獨特氣味也消失了。適合用於火鍋的湯底、燉煮烏龍麵、義大利麵及炊飯等多樣料理。

保存方法

避開陽光直射，於陰暗處保存。開瓶後放置於冷藏。

魚醬油

生產量居冠的日本代表性魚露

用鹽醃漬帶著頭與內臟的沙丁魚，或是魷魚的內臟，再使其發酵的魚露。與「鹹魚汁」及「玉筋魚醬油」並列日本三大魚露。大約五十年前都是由各家庭自製，現在則主要由水產加工業者製作生產。

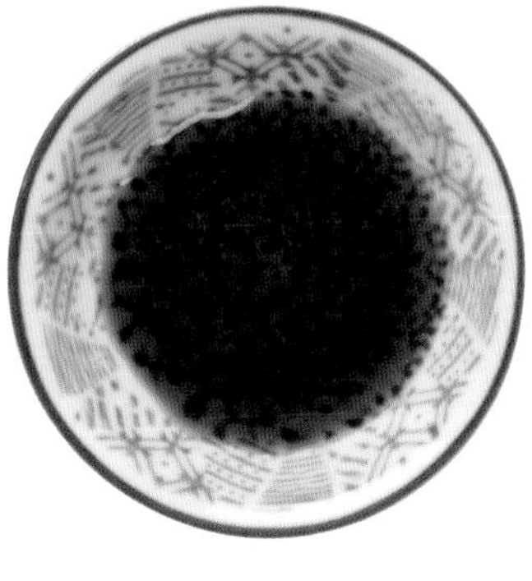

- **主要原料**
  沙丁魚或魷魚、鹽
- **主要營養成分**
  —
- **熱量**
  —
- **鹽分含量**
  —

對身體的功效

增進食慾

抗老化

食用祕訣

鮮味泉源的胺基酸含量比大豆醬油更多，因此更能夠彰顯料理的美味度。少量使用於湯品及蔬菜淺漬中，能夠增添鮮味。

保存方法

避開陽光直射，於陰暗處保存。開瓶後放置於冷藏。

玉筋魚醬油

重新復活生產的香川縣傳統魚露

香川縣自古流傳使用瀨戶內海的玉筋魚為原料製作的魚露，以前各家庭都會自製。進入昭和30年（1955年）後產量逐漸減少，近年明石市的志願者等又再度使之復活。魚露特有的香氣及鮮味，在多種料理上的使用非常廣泛。

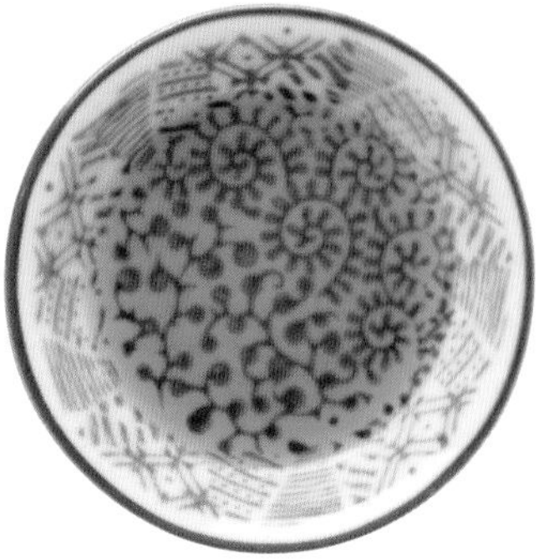

●主要原料
玉筋魚、鹽

●主要營養成分
—

●熱量
—

●鹽分含量
—

對身體的功效

增進食慾

抗老化

食用祕訣

相較於其他魚露，其含鹽量較低、風味溫醇，適合當作豆腐及生魚片的醬油。也可當作湯品、鍋物、煮物及炒飯等的醍醐味加入，能帶出無可言喻的風味。

保存方法

避開高溫多溼，常溫保存。

泰式甜魚露

以小魚為基底的泰國醬油

泰國代表性的調味料，除了沙丁魚、竹筴魚、鯖魚等海水魚，也會使用淡水魚製作的魚露。將魚鹽漬發酵時的上層清澈液體，經過熟成後製成。富含多量胺基酸、濃厚的鮮味與獨特的發酵臭，能活用於多種料理。

●主要原料
沙丁魚等、鹽

●主要營養成分
—

●熱量
—

●鹽分含量
—

對身體的功效

增進食慾

抗老化

食用祕訣

特殊的香氣及味道為特徵，無論炒、炸，作為沾醬，或用於高湯、煮物的調味，都能為料理大大加分。

保存方法

避開高溫多溼，常溫保存。

越式魚露

亞洲圈中耳熟能詳的越南魚露

與泰式甜魚露並列亞洲二大魚露的越式魚露。原料及製法都與泰式甜魚露相似，但發酵程度比泰式甜魚露低，帶有明顯的魚香氣為其特徵。是越南的餐桌上不可欠缺的調味料，就像大豆醬油對於日本人的存在。

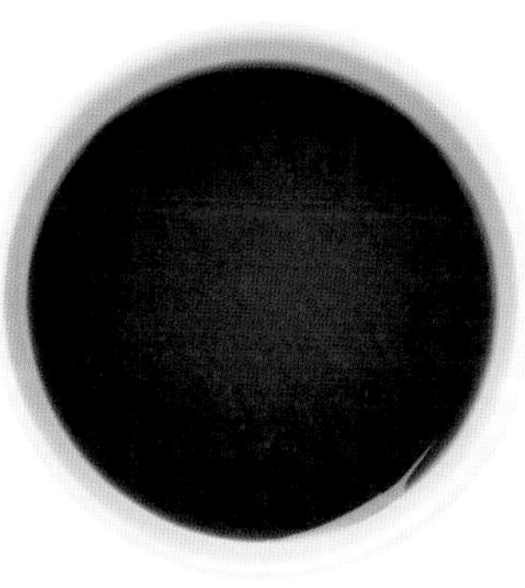

- **主要原料**
  沙丁魚等、鹽
- **主要營養成分**
  —
- **熱量**
  —
- **鹽分含量**
  —

對身體的功效

增進食慾

抗老化

食用祕訣

越南代表料理春捲的沾醬或河粉的調味所必不可少的秘方，也可替代一般醬油使用，為家常料理帶來異國風味。

保存方法

避開高溫多溼，常溫保存。

蝦醬

如同蝦味噌的膏狀調味料

蝦醬為中國及東南亞等地製作的一種魚醬，將磷蝦或小蝦加鹽使之發酵，就像味噌般的膏狀調味料。兩者的麩胺酸含量都很多，凝縮蝦子的精華與鮮味，常用於料理的提味。

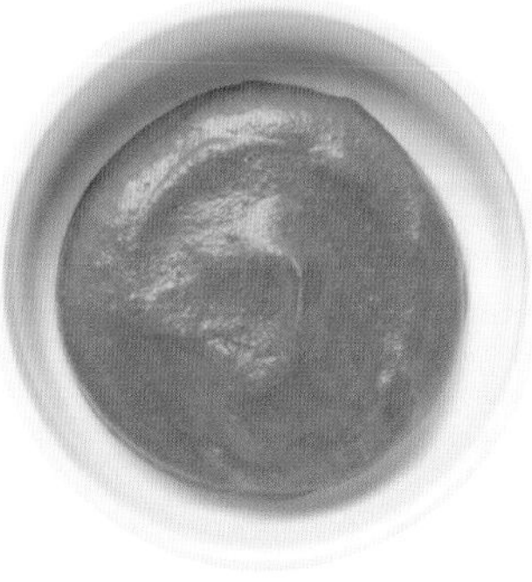

- **主要原料**
  磷蝦、小蝦等、鹽
- **主要營養成分**
  —
- **熱量**
  —
- **鹽分含量**
  —

對身體的功效

增進食慾

抗老化

食用祕訣

為了方便融化膏狀，最適合用於湯品的調味及煮物的提味。也可以用於各種炒物或炒飯。在中國，會將剛煮好的芋頭沾醬食用。

保存方法

避開高溫多溼，常溫保存。

味噌

守護身體遠離生病
每天都可食用的健康食材

味噌誕生於古代中國，與醬油的根源相同，將肉品及魚類混和鹽使之發酵的「醬」，以及將大豆加鹽發酵的「鼓」為起源。經過朝鮮半島傳進日本，再逐漸發展成現今的味噌。

日本的味噌是於大豆中加入米麴或麥麴等，經過發酵、熟成的製品，並依照麴的原料不同，可分為四大種類。於大豆中加入米麴的「米味噌」、加入麥麴的「麥味噌」、加入豆麴的「豆味噌」，以及將上述味噌混和而成的綜合味噌。日本的生產量中，米味噌大約占有八成的比例。

由於味噌的鹹度較高，一定有不少人擔心血壓問題吧。其實味噌中含有能阻止血壓上升的成分。另外大豆異黃酮也能幫助降低女性乳癌的風險。其含有的脂溶性營養素能提高免疫力，有效預防動脈硬化等疾病。

味噌的地區別分布

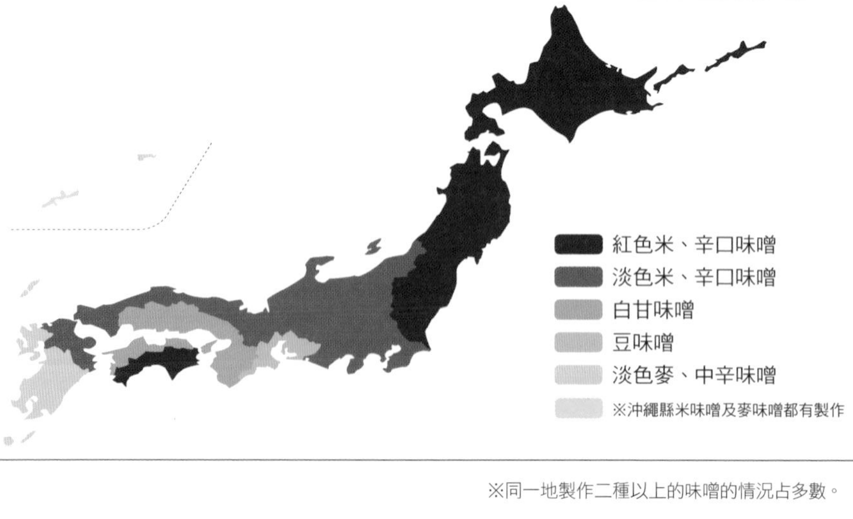

※同一地製作二種以上的味噌的情況占多數。

米味噌

橫跨甘口及辛口 能享受多樣的風味

大豆經過蒸煮後，加入米麴及鹽發酵而成。米味噌可分為麴的比例較多的「甘味噌」、適中的「甘口味噌」，以及麴較少、鹽含量較高的「辛口味噌」。愈辛口其釀造所需的時間便愈長，甘味噌大約花費5～20天釀製，而辛口味噌則需要3～12個月。

活用食譜 ➡ P.126、128、137、138、146
自製食譜 ➡ P.152

●主要原料
大豆、米、鹽

●主要營養成分
蛋白質、鈉、鉀、鈣、維生素B_2、膳食纖維

●熱量
192Kcal

●鹽分含量
12.4g

對身體的功效
- 降低癌症風險
- 抗老化
- 預防骨質疏鬆症
- 血液流暢
- 放鬆身心

食用祕訣
不濃濁，能搭配各種料理。除了味噌湯，還能用於煮物、炒菜及鍋物等。推薦淡白的甘味噌用於醋味噌中，辛口的赤味噌用於田樂料理。

保存方法
常溫存放，開封後放置於冷藏。

麥味噌

風味豐富的麥 使用方便的調味料

將蒸煮過的大豆中放入大麥及裸麥的麴，再加鹽釀製的味噌。主要於九州、四國、中國地區製造，生產量大約占全日本的一成。有辛口以及甘口二種類，辛口的在關東也有生產。與米味噌相同，釀造時間短的味噌愈接近白色，時間愈長的則會變成紅黑的褐色。

●主要原料
大豆、麥、鹽

●主要營養成分
蛋白質、鈉、鉀、鈣、維生素B_2、膳食纖維

●熱量
198Kcal

●鹽分含量
10.7g

對身體的功效
- 降低癌症風險
- 抗老化
- 預防骨質疏鬆症
- 血液通暢
- 放鬆身心

食用祕訣
與米味噌相同，用途廣泛。由於味噌的風味會因高溫而減少，其含有的重要酵素也怕高溫，最好避免長時間的高溫加熱。

保存方法
常溫存放，開封後放置於冷藏。

豆味噌

豆麴的強烈味道與香氣 具有特色的個性派味噌

原料只有大豆與鹽。大豆以麴菌發酵製成「味噌球」，進行釀製。顏色為紅黑色，帶有苦味及酸味，比米以及麥味噌更具有個性的味道。由於百分百使用大豆，蛋白質含量比其他味噌豐富。大部分生產於愛知縣、岐阜縣及三重縣，以八丁味噌最具代表。

- **主要原料**
  大豆、鹽
- **主要營養成分**
  蛋白質、鈉、鉀、鈣、維生素E、膳食纖維
- **熱量**
  217Kcal
- **鹽分含量**
  10.9g

對身體的功效

- 降低癌症風險
- 抗老化
- 預防骨質疏鬆症
- 血液通暢
- 放鬆身心

食用祕訣

以鍋物及燉煮烏龍麵為首，使用於田樂料理、炒菜都很美味。就像代表名古屋美食的味噌豬排，加入砂糖、酒以及芝麻，做成醬汁使用也非常推薦。

保存方法

常溫存放，開封後放置於冷藏。

嘗味噌

能直接當小菜食用 方便的加工味噌

嘗味噌的種類包括傳統借助微生物力量釀造的，以及將普通味噌加入各式各樣的食材混和製作的加工嘗味噌。前者的代表為「金山寺味噌」，是在大豆中加入大麥麴混和並加入鹽，將切碎的茄子、瓜類、紫蘇及薑等食材一同醃漬發酵而成的食品。

・金山寺味噌 等

- **主要原料**
  大豆、大麥、茄子、瓜類等蔬菜
- **主要營養成分**
  鈉、鉀、鈣、維生素B_2、B_6
- **熱量**
  256Kcal
- **鹽分含量**
  5.1g

※金山寺味噌的數值

對身體的功效

- 降低癌症風險
- 抗老化
- 預防骨質疏鬆症
- 血液通暢
- 放鬆身心

食用祕訣

常作為飯的配菜與下酒菜。金山寺味噌以涼拌小黃瓜最為知名。在味噌中加入柚子、蔥、蜂斗菜、芝麻等，混和喜好食材的加工嘗味噌也能活用於沙拉料理。

保存方法

常溫存放，開封後放置於冷藏。

推薦的味噌漬物

監修者小泉武夫的老家，
曾經為造酒廠。
在昭和40年（1965年）以前，
藏人們會親手做味噌。
在此介紹使用此味噌製作的
古早味料理。

板昆布

將乾燥的板昆布加入味噌，並放置一年左右。如此一來，隨著味噌的熟成，昆布也變得柔軟。充分吸收了味噌風味的昆布，切細後可以配飯或搭配茶泡飯食用。另一方面，味噌也會保留昆布的鮮味，可說是一石二鳥。

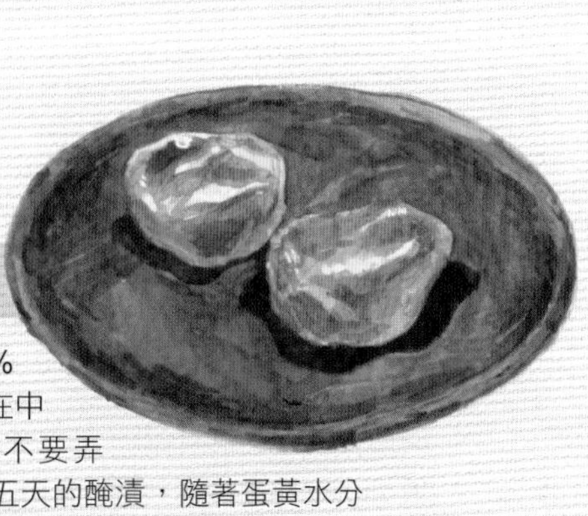

蛋黃

於放入容器的味噌中加入鹽含量10%的鹽水，混和至稍微柔軟的程度。在中間挖一個凹洞放入生蛋黃，小心不要弄破，再用味噌填滿洞口。大約經過五天的醃漬，隨著蛋黃水分滲出的同時，鹽分會讓蛋黃的蛋白質變性使之凝固。吸收了味噌的鹽分及鮮味的蛋黃，不再有腥味，吃起來就像鮭魚卵。推薦薄切後配飯或下酒。

醋

起源於七千年前的巴比倫尼亞 效能出色、世界最古老的調味料

將穀物或果實釀造成酒，並加入醋酸菌使之發酵而成的酸性調味料就稱為醋。醋的英語念作「Vinegar」，其語源來自法語中表示「具有酸味的葡萄酒」的單字「Vinaigre」。從此源由也可以知道，醋是由酒釀造而成的。具體來說，酒品中的乙醇會透過醋酸菌的作用而發酵。

號稱為「世界最古老的發酵調味料」的醋，起源十分久遠，早在西元前5000年左右的巴比倫尼亞就已經留有紀載。而一般認為在五世紀初，從中國流傳進日本。

醋從很久以前就已經成為全世界的重寶，原因是其稀有傑出的功效：殺菌、防腐和去腥，還有助於消除疲勞，以及預防高血壓等作用。

依據日本農林規格（JAS）的醋分類

醋	釀造醋	穀物醋	穀物醋（米醋以外的穀物醋）
			米醋
		水果醋	水果醋（蘋果醋及葡萄醋以外的水果醋）
			蘋果醋
			葡萄醋
		釀造醋（穀物醋及水果醋以外的釀造醋）	
	合成醋	合成醋	

米醋

與和食最搭的柔和味道

在穀物醋之中較為單純的米醋，是將蒸煮過的米加入米麴及水，一同加熱攪拌經過糖化，再加入酵母進行酒精發酵，接著加入醋酸菌進行醋酸發酵，最後經過2～3個月左右的熟成便大功告成。米醋是和食的最佳拍檔，醋物及壽司飯等用途非常廣泛。

活用食譜 ➡ P.138

- **主要原料**
  米、米麴
- **主要營養成分**
  醣類、鈉、鉀、維生素B_6
- **熱量**
  46Kcal
- **鹽分含量**
  0g

對身體的功效

- 去除疲勞
- 預防骨質疏鬆症
- 抑制血壓上升
- 促進血液循環

食用祕訣

可以做成二杯醋或三杯醋、軟化小黃瓜的醋物、沙拉、或用於壽司飯都非常美味。因為是用米製成的，與和食相當合拍。

保存方法

避開高溫潮溼、陽光直射處，以常溫保存。

粕醋

老舖長久愛用獨特的香氣及美味

以酒粕為原料的粕醋。為穀物醋的一種，將熟成的米粕加水做成泥狀，過濾取得液體，補加入酒精進行醋酸菌發酵、熟成。經過熟成而增染上顏色因此也被稱為紅醋。具有獨特的風味與美味，備受老舖料理亭及壽司店喜愛。

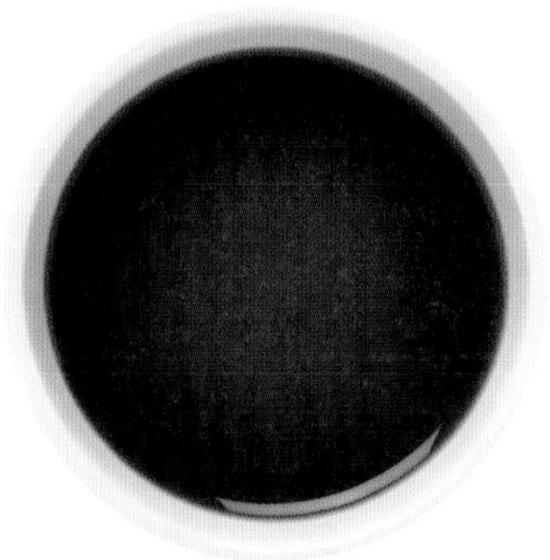

- **主要原料**
  酒粕
- **主要營養成分**
  —
- **熱量**
  —
- **鹽分含量**
  —

對身體的功效

- 去除疲勞
- 預防骨質疏鬆症
- 抑制血壓上升
- 促進血液循環

食用祕訣

米醋一般被認為與醋物及涼拌很合拍，另一方面，粕醋中加入鹽及砂糖等製成的「壽司醋」，被認為使用於醋飯是最適合的方式。

保存方法

避開高溫潮溼、陽光直射處，以常溫保存。

黑醋

健康成分的寶庫
使用玄米的褐色食用醋

穀物醋的一種，原本為鹿兒島縣的名產。以玄米及麴為原料，於壺中進行發酵後，需要再經過約1～2年的熟成，因此又被稱為「壺醋」。具有豐富的胺基酸及礦物質，濃郁且豐富的風味為其特徵，也常被作為健康食品。

・福山醋

- **主要原料**
  玄米、麴
- **主要營養成分**
  —
- **熱量**
  —
- **鹽分含量**
  —

對身體的功效

- 去除疲勞
- 預防骨質疏鬆症
- 抑制血壓上升
- 促進血液循環

食用祕訣

加入水及檸檬汁飲用，能品嘗其清爽的香氣。加入肉類的燉煮料理，能讓煮出來的肉更加柔軟。混和及醬油作為炸物的沾醬，能讓餘味變得清爽。

保存方法

避開高溫潮溼、陽光直射處，以常溫保存。

麥芽醋

與啤酒相似的味道及香氣
醋界的英國代表

大麥、小麥及玉米等穀物澱粉，透過麥芽糖化，進行酒精發酵與醋酸發酵製成的醋。作為穀物醋的一種，是以釀造啤酒聞名的英國的代表醋。含有多量來自大麥的蛋白質、β-葡萄糖與膳食纖維。

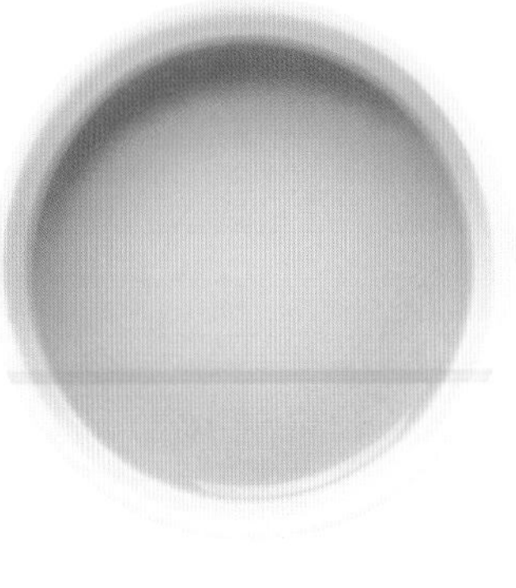

- **主要原料**
  大麥、小麥、玉米等
- **主要營養成分**
  —
- **熱量**
  —
- **鹽分含量**
  —

對身體的功效

- 去除疲勞
- 預防骨質疏鬆症
- 抑制血壓上升
- 促進血液循環

食用祕訣

不太具有甜味，味道清爽為特徵。淋上炸魚及薯條能變得更加美味。在英國，常用於傳統料理的炸魚薯條。

保存方法

避開高溫潮溼、陽光直射處，以常溫保存。

蘋果醋

清爽的風味 與蔬菜的搭配性傑出

將蘋果的果汁及果肉進行酒精發酵，接著再進行醋酸發酵製成。擁有蘋果特有的清爽香氣與酸味，因為與蔬菜的搭配性優異，非常適合作為沙拉的淋醬。近幾年喜愛將其當作燒肉沾醬的消費者也逐漸增加。

活用食譜 ➡ P.129

- **主要原料**
  蘋果汁
- **主要營養成分**
  醣類、鉀、維生素B_{12}
- **熱量**
  26Kcal
- **鹽分含量**
  0g

對身體的功效

- 去除疲勞
- 預防骨質疏鬆症
- 抑制血壓上升
- 促進血液循環

食用祕訣

與其他食用醋相同，加入料理中能讓肉及魚變得柔軟。也可加入果凍就成為一道健康點心，或於醋中加入蜂蜜喝起來就很美味。

保存方法

避開高溫潮溼、陽光直射處，以常溫保存。

葡萄醋

與葡萄酒相同 分為紅與白二種

將葡萄榨成果汁製作成葡萄酒，經過醋酸發酵的產物即為葡萄醋。又被稱為「葡萄酒醋」，可分為白醋與紅醋兩個種類。同樣也是使用葡萄製成的醋，白葡萄的果汁經過過濾煮至濃稠後，放入木桶中進行發酵、熟成而得的，即為知名的巴薩米克醋。

活用食譜 ➡ P.136

- **主要原料**
  葡萄汁
- **主要營養成分**
  醣類、鉀、磷
- **熱量**
  22Kcal
- **鹽分含量**
  0g

對身體的功效

- 抗老化
- 去除疲勞
- 抑制血壓上升
- 預防骨質疏鬆症

食用祕訣

白醋最適合用於想要維持食材原色的海鮮或蔬菜料理的醃漬汁。紅醋的單寧較多，帶有淡淡的苦味及澀味，適合用於顏色濃郁帶有甜味的胡蘿蔔沙拉等料理。

保存方法

避開高溫潮溼、陽光直射處，以常溫保存。

香醋

優秀的美肌效果 富饒香氣的中國黑醋

也被稱為「中國黑醋」，因與黑醋相同，皆經過長時間熟成而帶有獨特的香氣。不過黑醋是以玄米為原料，香醋則使用糯米製造。香醋富含檸檬酸，具有高度的消除疲勞效果。此外，由於也含有多量能作為膠原蛋白材料的胺基酸，所以也有助於養顏美容。

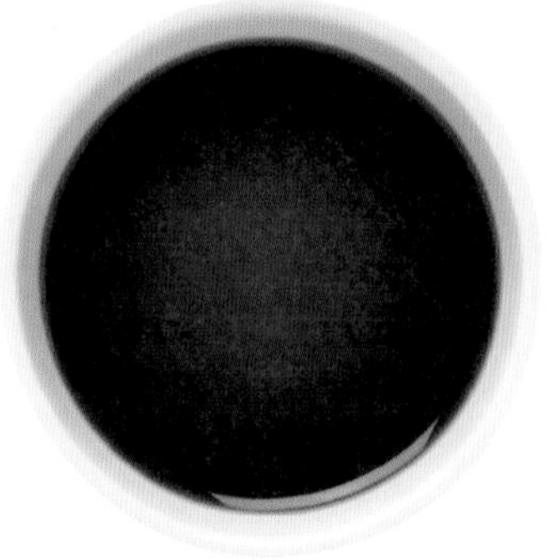

- **主要原料**
  糯米
- **主要營養成分**
  —
- **熱量**
  —
- **鹽分含量**
  —

對身體的功效

- 去除疲勞
- 預防骨質疏鬆症
- 抑制血壓上升
- 改善肌膚問題

食用祕訣

發源地中國山西省的使用方式如同醬油般平常，加入餃子及燒賣的沾醬中能凸顯點心的味道。也可用於沙拉淋醬，其顯著的酸味能讓味道變得更清爽。

保存方法

避開高溫潮溼、陽光直射處，以常溫保存。

紅醋

如同紅酒般的紅色 具有刺激的香氣

中國浙江省的特產，使用增殖紅麴菌的糯米及紅米進行發酵製造而成的醋。現在市售的商品中，有些是使用人工色素製作。在中國，除了使用於上海蟹及魚翅料理外，也可活用其獨特的香氣以消除具特殊味道的魚肉類。

- **主要原料**
  糯米、紅米、紅麴
- **主要營養成分**
  —
- **熱量**
  —
- **鹽分含量**
  —

對身體的功效

- 去除疲勞
- 預防骨質疏鬆症
- 抑制血壓上升
- 改善肌膚問題

食用祕訣

不只具有酸味，還帶有甜味及香氣，因此與炒麵、湯品及點心很對味。中國會添加於魚翅料理中，讓魚翅更加軟嫩並有助於消化，也有能鎖住味道的說法。

保存方法

避開高溫潮溼、陽光直射處，以常溫保存。

醋酸菌的相關食品

因醋酸菌的作用而產出的食品
不光只是食用醋而已。
這裡介紹醋酸菌相關的「意外」食品。

TABASCO 辣椒醬

十九世紀後半誕生於美國的辣味調味料。將辣椒混合鹽熟成，再加入穀物醋靜置一個月左右，就完成了TABASCO。香氣出眾、強度辣味為其特徵，身為以辣椒為原料的「hot sauce」的代表性存在，於全世界廣為熟知。在日本常用於披薩及義大利麵，而美國則是廣泛用於各式各樣料理及飲品中。

※商標名「TABASCO」，
為美國McIlhenny Company的登錄商標。

椰果

將椰子汁加入名為「Acetobacter xylinum」的一種醋酸菌，經過發酵、凝固作用製作，發祥於菲律賓的凝膠狀發酵食品。外觀與寒天相似，但又有著獨特嚼勁的口感。主要成分為膳食纖維，所以熱量不高，是大家熟悉的減肥食品及健康食品。

味醂

●主要原料
糯米、米麴、日式燒酒或酒精

●主要營養成分
醣分、維生素B6

●熱量
241kcal

●鹽分含量
0g

對身體的功效

- 提升代謝力
- 抑制血壓上升
- 抗老化

食用祕訣

不只能用於煮物、炊飯、麵味露等料理，也能用於甜點製作。另外，可在味醂中浸漬多種生藥調和成屠蘇散。

保存方法

避免陽光直射的陰暗處以常溫保存。低溫保存時，有可能會發生糖分結晶化的情況。

由糯米及米麴製成自然的甜味調味料

味醂是在米麴中，將蒸煮過的糯米及燒酒或酒精加入釀造，經過40～60天的糖化、熟成後壓榨而成的清澄液體。是一種含有超過45%的糖分，以及11～14%酒精的調味料。除了葡萄糖等單糖，由於多種類的寡糖的作用，能在料理時呈現食材的色澤，也有防止食材煮到變形的效果。

關於起源，有日本獨自由清酒發展而來的說法，也有一說是在戰國時代由中國傳來的一種叫做「密淋」的甜酒發展而來。味醂第一次出現在文獻中，是文祿2年（1593年）的《駒井日記》。味醂為「密淋酎御酒」，以甜珍酒的身分備受上層階級喜愛。

另外，味醂使用於料理中的第一次記載為元祿2年（1689年）的《合類日用料理抄》，當中寫道「於鳥醬中使用了味淋酎」。進入江戶時代後期，隨著蕎麥麵沾醬及蒲燒鰻魚露汁的使用，才終於定下了做為調味料的用途。

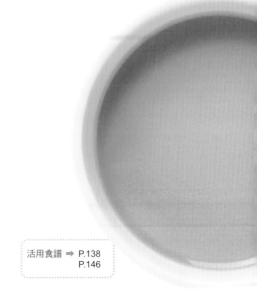

活用食譜 ➡ P.138
P.146

味醂的相關食品

能為料理增添甜度的味醂
除了「本味醂」，
還有「味醂風調味料」
以及「發酵調味料」。

味醂風調味料

糖、胺基酸及有機酸等混合，酒精濃度不到1%的調味料，並且不經過發酵。相較於味醂的甜味是來自於糯米的發酵，味琳風調味料則是加入糖來製造甜味。與味醂相同，能夠為料理增添甜味、鮮味及厚度，並能讓顏色顯得漂亮。與味醂相比的售價通常較為便宜。

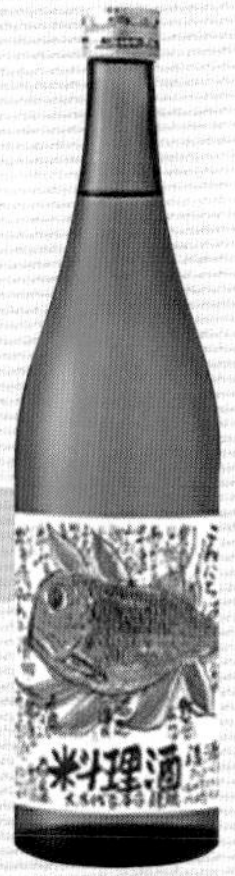

發酵調味料

發酵調味料不可直接飲用，主要是在加入了特定量的鹽發酵而成的釀造物中，配合以糖質原料為目的加入的東西。其種類相當多元，原料及製法也很多樣，最具代表性的就是料理酒。料理酒的種類也很豐富，如圖示的「こんにちは料理酒」，是單純用米、米麴、酒粕製成，直接喝也很好喝。了解料理酒的原料，挑選適合自己的一款吧。

麴

作為日本傳統調味料的基本對身體有益的發酵食品

說到日本的食文化，絕對不能不提到麴。對於和食調味料的基本：醬油、味噌、味醂、米醋而言，麴是不可欠缺的存在。而且製酒過程也需要使用麴。還有高人氣的鹽麴、醬油麴及甘麴也都是由麴所延伸出的調味料。

麴是由米、麥及大豆製成。蒸煮過的穀物，附著上乾燥過的培養麴菌的胞子，稱為「種麴」。將之培養後，穀物上會繁殖著一種黴稱為「麴菌」，就製成了麴。

自平安時代到室町時代（約八世紀至十五世紀），存在著專門販售麴的「麴賣店」及「種麴屋」，獨占麴的製造、販售的「麴座」也隨之誕生。經過六百年的現在，全日本依然存有大約十間的種麴店。

麴含有多種酵素，因此能在料理時發揮多種作用：分解蛋白質的酵素「蛋白酶」能軟化肉質；分解澱粉的酵素「澱粉酶」能生產糖，除了強調蔬菜漬物的甜味，也能引出食材的鮮美。

麴也有助於打造健康的身體。前述的「蛋白酶」及「澱粉酶」常作為腸胃藥中的酵素，有助於消化；必需胺基酸及維生素B群能促進代謝。麴不光只是能讓料理變得美味，也是有助於健康的強力夥伴。

鹽麴

濃厚鹽味
提升食材的鮮美度

近幾年人氣直升的鹽麴，是由米麴、鹽及水製成的萬能調味料。凝聚了麴所富有的多種營養，不只能讓料理變得美味，也能整治腸道環境、提升代謝，有著多樣有益人體的卓越作用。

活用食譜 ➡ P.131、133、138、140、142~146
自製食譜 ➡ P.154

●主要原料
米麴、鹽、水

●主要營養成分
—

●熱量
82Kcal

●鹽分含量
12.2g

※由監修者計算出的數值

對身體的功效

放鬆身心
提升代謝
整治腸胃
增進食慾

食用祕訣

在魚、肉品上覆蓋一層再進行料理，就能引出鮮味。除了燉煮及炒菜，作為沙拉的淋醬食用也非常美味。

保存方法

於有蓋容器中保存。手作的鹽麴能在冷藏中保存三至六個月。

醬油麴

完美調和醬油的香氣
與麴的芳醇

本來是製造醬油時使用的麵麴。與鹽麴一樣，近幾年開始備受矚目。醬油麴是在米麴中加入醬油及水製成的萬能調味料。如同醬油，能活用於各式各樣的料理。醬油及麴的熟成香氣，能突顯食材的好味道。

●主要原料
米麴、醬油

●主要營養成分
—

●熱量
—

●鹽分含量
—

對身體的功效

放鬆身心
提升代謝
整治腸胃
增進食慾

食用祕訣

能作為煮物及炒菜等的調味料使用。直接沾生魚片、淋在海鮮丼上，或加在生蛋拌飯中都非常推薦。

保存方法

於有蓋容器中保存。手作的醬油麴能在冷藏中保存三至六個月。

酒粕

● **主要原料**
米

● **主要營養成分**
蛋白質、醣類、維生素B_1,B_2,B_6、葉酸、膳食纖維

● **熱量**
22kcal

● **鹽分含量**
0g

對身體的功效

- 血液通暢
- 改善肌膚問題
- 預防糖尿病
- 抑制血壓上升
- 改善冰冷
- 整治腸胃

食用祕訣

在味噌湯中加入一大匙就成了即席粕湯，除了使用於酒粕漬，也能加入燉菜或咖哩、塗在麵包上當抹醬等。

保存方法

放入密閉容器中冷凍保存。使用時只解凍所需的量。

豐富的營養成分 美容又健康

釀造日本酒時，以蒸煮過的米、麴與水進行發酵，製作成醪，將其壓榨而得的液體為酒，殘餘的固體即為酒粕。酒粕可以區分為幾種類別，使用壓榨機榨取酒而完全壓碎，變成了板狀的「板粕」；為了製作吟釀酒等高級酒，將醪放入袋中，利用醪自身的重量緩慢榨取後的殘餘物為「吟釀粕」，將板粕放入桶中踩踏變硬，經過熟成的即為「踏粕」。板粕稍微烤過可直接吃，味道十分美味，也能當作調味料，活用於各式各樣的料理。

酒粕含有二十多種有益於皮膚和神經的必需胺基酸，維生素種類也相當豐富，能幫助促進新陳代謝、消除黑斑及面皰等肌膚問題。

另外，根據近幾年研究，酒粕的萃取液能有效抑制血壓上升、預防糖尿病、預防肝功能障礙、改善膽固醇的代謝等，具有顯著的多種功效。酒粕能輕鬆活用於各種料理，為了身體的健康可以試著食用看看。

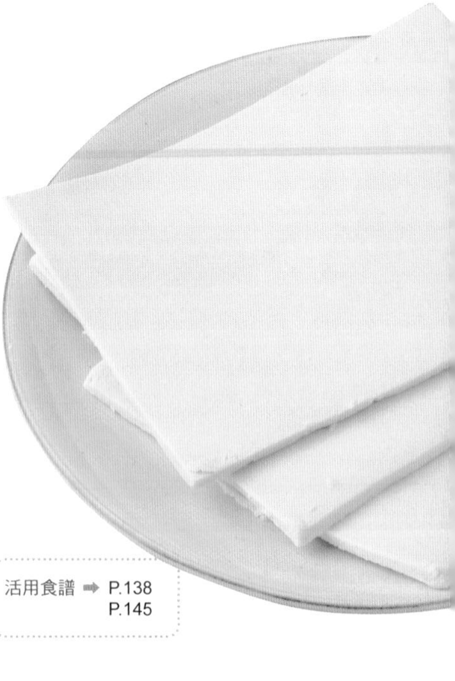

活用食譜 ➡ P.138
P.145

使用酒粕來養顏美容

攝取酒粕豐富的營養
不光只有「吃入」。
酒粕也能當作入浴劑及保養品活用。
在每日的肌膚保養中加入酒粕
讓身心更加健康美麗。

酒粕浴

洗澡時加入酒粕能有優異的保溫、保溼效果。將一把酒粕包入手帕或布袋中放入浴缸。在熱水中一邊揉捏、一邊將酒粕的精華擠出。酒粕在保持肌膚含水量的同時，其來自麴的蛋白質分解酵素，能去除皮膚的老廢角質、防止毛孔的皮脂堵塞。在在意的肌膚部位覆蓋上酒粕的話，能變得更潤澤滑嫩。

酒粕面膜

用於肌膚保養的話，最推薦的方式是加入了酒粕的面膜。酒粕中含有的亞油酸，以及具有美白、抗氧化、抗老作用的熊果素，對於乾燥肌、敏感肌、粗糙肌、痘痘、斑點及曬傷等多種肌膚問題都有幫助。面膜的製法非常簡單，加入與酒粕等量的水，只需均勻混和至盡量不要留有顆粒即可。將面膜塗於臉部約十五分鐘後洗淨，就能擁有溼滑彈嫩的肌膚。

※請注意：體質、肌膚不適合的情況。因此初次使用時請將少量的面膜塗於手背，確認沒有問題後再進行使用。

寒作里

- **主要原料**
  辣椒、米麴、柚子、鹽
- **主要營養成分**
  —
- **熱量**
  110kcal
- **鹽分含量**
  12g

※製造商提供的計算數值

對身體的功效

增進食慾

溫暖身體

食用祕訣

在味噌湯及納豆中加入一點，就能變化不同的風味。加入蘿蔔泥中就能簡單做成紅葉蘿蔔泥。除了使用於拉麵、湯品及咖哩，加在披薩及義大利麵上也非常美味。

保存方法

若為瓶裝，未開封可常溫保存。開瓶後需冷藏。

在地辣椒發酵製作新瀉妙高的特色調味

流傳於新瀉妙高市，是以當地產的辣椒發酵製成：將秋季用鹽醃漬的辣椒，在大寒時曝曬於雪地上。讓雪吸取辣椒的苦味，同時發揮去鹽的效果。在雪地曝曬幾天後，與柚子、米麴、鹽等混和，經過三年的時間熟成、發酵後才大功告成。製作完成的寒作里主要是放入瓶中或袋中出貨。

在一般的寒作里中放入各式各樣的食材醃漬，就是稱為寒作里漬的產品，如加入山菜、紫蘇、金針菇、魷魚絲、竹筍等進行醃漬。根據加入的食材不同，就能產生獨特的風味，尋找每一種食材的特色也是一種樂趣。

不論哪一種寒作里，都具有濃郁及有深度的香辣風味，與日式、西式、中式等各種料理都很對味。在湯品及熱炒、丼飯中加入一點點便能增添辣度與風味。也可代替芥末醬，混和大蒜沾生魚片食用。或是加入麵味露、炸物沾醬、火鍋沾醬、燒肉及串燒醬汁。

豆瓣醬

●主要原料
蠶豆、辣椒、鹽、小麥粉

●主要營養成分
鈉、鉀、維生素A,E

●熱量
60kcal

●鹽分含量
17.8g

對身體的功效

增進食慾

溫暖身體

食用祕訣

在炒菜、燉煮物及湯品中加入，增添辣度與鮮美度。醃漬蔬菜及當沙拉淋醬或醬汁使用都很推薦。

保存方法

避開陽光直射及高溫多溼處，以常溫保存。開罐後需冷藏。

由蠶豆製作而成中式料理的香辣代表

在蠶豆中加入辣椒及食鹽，進行發酵製成。自古於中國的長江流域地區生產，最原版的豆瓣醬並未使用辣椒，只單純用蠶豆製作。現在則以加入辣椒的辣味產品為主流。傳統的作法是從生蠶豆製作蠶豆麴，再用鹽醃漬進行發酵。再加入辣椒，經過熟成即完成。

豆瓣醬是麻婆料理及回鍋肉等中華料理所不可欠缺的調味料，也最適合用於製作擔擔麵等的肉醬。

Column 在大豆中加入了芝麻及大蒜 風味濃郁的甜辣「海鮮醬」

具有獨特甜辣度與風味的「海鮮醬」，中國的廣東地區及香港等地常使用。製作方法是將大豆與小麥粉混和，再加入芝麻、大蒜、辣椒、砂糖等發酵而成。雖然名稱含有「海鮮」二字，但原料中並沒有使用任何海鮮。外觀看起來與甜麵醬相似，但海鮮醬加入的辛香料更豐富，吃起來更加濃郁。可作為炒菜的調味料、北京鴨的沾醬、燒烤醬，或是加入炒飯、湯品中。

甜麵醬

●主要原料
小麥粉、鹽、麴

●主要營養成分
—

●熱量
—

●鹽分含量
—

對身體的功效

增進食慾

食用祕訣

能用於回鍋肉、麻婆豆腐、炸醬麵以及北京烤鴨的醬汁等。

保存方法

瓶裝商品在開封前避開陽光直射及高溫多溼處，以常溫保存。開罐後需冷藏。

突顯小麥粉的魅力 誕生於中國的甜醬

小麥粉用水混和揉捏後加入鹽，再加入麴菌進行醃漬就是中國的甜醬了。不同於砂糖的甜，而是將小麥本身的甜味發揮至最大限度，具有天然濃郁的甜香。

甜麵醬的紅黑色澤近似於日本八丁味噌，但甜麵醬的鹽分較少，而且沒有使用大豆。不過日本的製作方式大多會使用大豆，或是直接取八丁味噌加入糖及芝麻油製作。不論是何種甜麵醬，以炒物及燉煮物為中心，是能使用於各式各樣的料理的重寶。

Column 誕生自東南亞的「沙茶醬」

「沙茶醬」是以乾蝦米及鹹魚等海鮮為基底，加入豆瓣醬等進行發酵、熟成，接著再加入大蒜、芝麻、長蔥、辛香料及砂糖等燉煮而成的調味料。其發展根源據説是由馬來西亞流傳至中國以及臺灣。以東南亞的串燒料理「沙嗲」的醬汁最具代表性。除了基本的BBQ塗醬用法，也可加在鍋物及燒肉的沾醬，或是作為炒菜或炒米粉的調味料。

苦椒醬

香辣甘甜的辣椒醬

●主要原料
穀物（糯米、稻米、小麥）、大醬塊、醬油、辣椒

●主要營養成分
—

●熱量
—

●鹽分含量
—

對身體的功效
增進食慾

食用祕訣
在燉煮物及炒物中加入一些甜辣味變身韓國風。與醬油及美乃滋混合而成的醬汁非常適合肉類及蔬菜料理。以韓式拌飯為首，與飯和麵類的相合度非常出色。混和中國的辣醬一起吃也非常美味。

保存方法
開封前避開高溫多溼，於陰暗處保存。開罐後需冷藏。

以燒肉的塗醬而廣為熟知，是韓國料理中絕對不能少的傳統調味料。據說起源自十八世紀的朝鮮半島。

將蒸煮過的糯米等穀物的粉，混合大醬塊，加入醬油、辣椒，經過發酵、熟成而成的辣醬。因穀物的澱粉發酵而生的濃厚甜味與辣椒的辣味中和，醞釀出特有的風味。最近也有用稻米及麥芽、小麥製作，或使用鹽替代醬油的製法。日本常見的製作方法是會加入水飴及砂糖，因此與道地的苦椒醬相比，甜味更明顯。

不具有過於獨特味道的甜辣味，直接吃就很美味，能輕鬆活用於塗醬類、加入沙拉淋醬中以及涼拌等料理。鍋物、燉煮物、炒物等，不挑煮法的廣泛使用方式也是他的魅力所在。

日本有販售各種包裝的苦膠醬，瓶裝、條狀、大容量袋裝等，能配合用途靈活選擇。

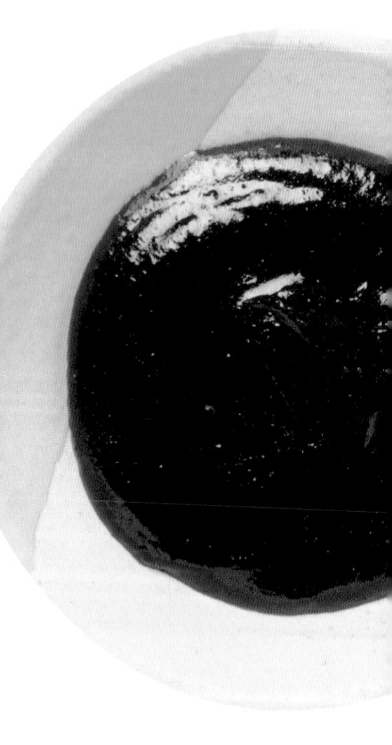

納豆

由大豆延伸出的納豆是最健康及美容的營養寶庫

日本最具代表性的配飯小菜「納豆」，不只美味，富含多種營養成分也是其一大魅力。主原料的大豆中含有蛋白質及異黃酮，還有鎂、鉀等礦物質以及豐富的維生素。其中富含能幫助骨骼與鈣質結合的維生素K，是預防骨質疏鬆症的重要營養成分。

納豆大體而言可以區分為二種類。一種是平常於餐桌登場的黏稠狀「絲引納豆」；另一種則是不會牽絲並具有鹹度的「鹽辛納豆」。

雖然發酵菌種、味道及形狀都不相同，但二種都是大豆的發酵食品。一般認為一開始是經由中國將鹽辛納豆傳入日本，之後經由日本改良而發展成絲引納豆。附帶一提「納豆」的名字，是源自於用稻草包將大豆包著的行為，稻草包著「納入豆子」作為名子的由來。

亞洲大豆發酵製品的分布

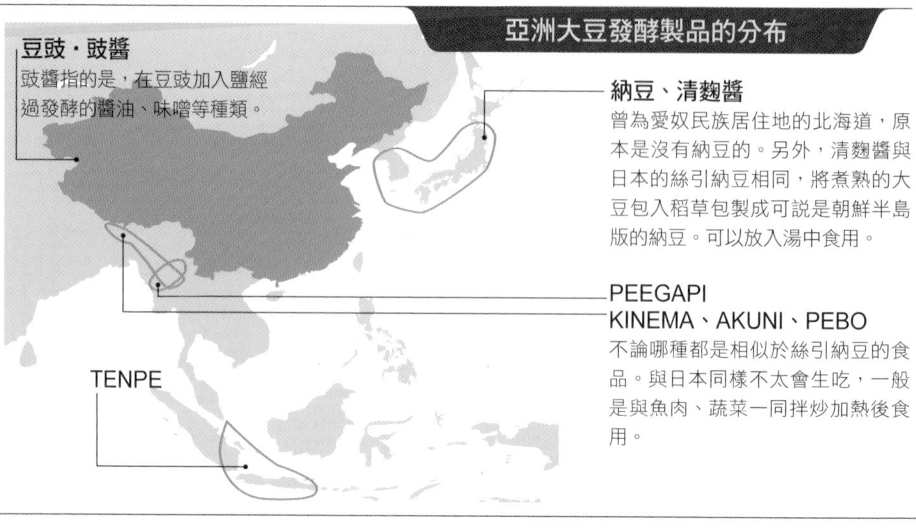
豆豉・豉醬
豉醬指的是，在豆豉加入鹽經過發酵的醬油、味噌等種類。
納豆、清麴醬
曾為愛奴民族居住地的北海道，原本是沒有納豆的。另外，清麴醬與日本的絲引納豆相同，將煮熟的大豆包入稻草包製成可說是朝鮮半島版的納豆。可以放入湯中食用。
PEEGAPI
KINEMA、AKUNI、PEBO
不論哪種都是相似於絲引納豆的食品。與日本同樣不太會生吃，一般是與魚肉、蔬菜一同拌炒加熱後食用。
TENPE

絲引納豆

常見於餐桌黏稠狀的納豆

在發酵的時候，納豆菌在分解蛋白質的同時會培育出具有黏性的產物。此黏稠物質含有一種稱為納豆激酶的酵素，能溶解血栓並能預防腦梗塞及心肌梗塞。但有服用抗血栓藥物華法林的患者，最好取得醫師同意後再食用。

- 丸大豆納豆
- 碾割納豆
- 五斗納豆

活用食譜 ➡ P.141
自家製食譜 ➡ P.158

- **主要原料**
  大豆
- **主要營養成分**
  蛋白質、鉀、維生素B_2.K、葉酸、鎂
- **熱量**
  200kcal
- **鹽分含量**
  0g

對身體的功效

- 血液清爽暢通
- 降低癌症風險
- 預防骨質疏鬆症
- 放鬆身心
- 整治胃腸

食用祕訣

濃密的黏稠度為美味的關鍵。牽出愈多絲狀就愈能增添其美味成分。若想產出更多的黏性，再放入醬油及芥末醬前就要確實的均勻攪拌。

保存方法

冷藏或冷凍保存，食用前記得移至冷藏解凍。

鹽辛納豆

能當作調味料使用具有鹹度的納豆

自奈良時代由中國傳入日本，又被稱作「寺納豆」或「唐納豆」。不使用納豆菌，而是使用麴菌與鹽水發酵、乾燥而成的產物，味道鹹、風味與溜醬油或八丁味噌相似。外觀為不會牽絲的暗黑色狀。納豆的起源也接近於中國的調味料「豆豉」。

- 大德寺納豆
- 濱納豆

- **主要原料**
  大豆、鹽
- **主要營養成分**
  蛋白質、鈉、鉀、維生素B_2、膳食纖維
- **熱量**
  271kcal
- **鹽分含量**
  14.2g

對身體的功效

- 血液清爽暢通
- 血液清爽暢通
- 血液清爽暢通

食用祕訣

由於味道夠鹹，直接當作小菜配飯、下酒菜或是搭配茶泡飯都很對味。也可以使用於炒物、涼拌料理等的調味料。搭配湯豆腐或涼拌豆腐的辛香佐料也十分推薦。

保存方法

至於陰暗處保存。開封後置於冰箱冷藏。

丹貝

●主要原料
大豆

●主要營養成分
蛋白質、鉀、維生素B_2、膳食纖維

●熱量
202kcal

●鹽分含量
0g

對身體的功效

預防骨質疏鬆症
整治腸胃
改善肌膚問題
抗老化
血液舒暢
放鬆身心

食用祕訣

不同於納豆，可以像乳酪般切片使用為其特徵。日式、西式、中式，不論搭配哪種料理都很合拍，生吃、或加熱食用都非常美味。

保存方法

有需要冷凍、冷藏或可常溫存放的各種包裝。

推薦給討厭納豆的人營養滿點的大豆發酵食品

來自印尼的丹貝與納豆同為大豆發酵食品，其歷史相當久遠，據說可追溯至四百至五百年以前。在印尼，丹貝一年的消費量近七十萬公噸，可以計算出每人每天吃進十公克的量。製作過程與納豆相近，先將大豆泡過水，於沸騰的熱水中煮熟後，再撒上丹貝菌於大豆上。如此一來原本散狀的大豆就會因為丹貝菌絲而結合變硬，丹貝就製作完成了。由於丹貝菌存活於香蕉的葉子，因此傳統的作法是將煮熟的大豆用香蕉葉包起使之發酵。

以優質的植物性蛋白質為首，丹貝含有亞油酸、膳食纖維、維生素B群及異黃酮等豐富物質，是能攝取到均衡營養的食品。臭味比日本的納豆淡，也不會牽絲，吃不習慣納豆的人應該都能輕易入口。丹貝的味道清淡，所以能活用於多種料理。可切薄片直接沾醬油或蘿蔔泥柑橘醋吃，也推薦做成炸物、或是用烤箱、平底鍋稍微煎烤一下。

自製食譜 ➡ P.160

豆腐糕

- **主要原料**
  豆腐、紅麴、泡盛酒
- **主要營養成分**
  蛋白質、鈉、鈣、泛酸
- **熱量**
  189kcal
- **鹽分含量**
  1.9g

對身體的功效

- 預防骨質疏鬆症
- 整治腸胃
- 改善肌膚問題
- 血液舒暢
- 抗老化

食用祕訣

會讓人聯想到起司般的濃厚味道，在沖繩通常會當下酒菜搭配泡盛酒品嘗，其實與啤酒或日本燒酒也非常對味。也可活用於義大利麵醬或蔬菜棒沾醬等料理。

保存方法

避開陽光直射、高溫潮溼的環境，於常溫保存。開封後置於冰箱冷藏。

琉球王國貴族的最愛 王宮祕傳的高級珍味

以鮮豔的色彩及美味聞名的豆腐糕，主要是將沖繩縣當地製作的島豆腐，放入含有麴菌及泡盛酒的醪中長時間醃漬，經過發酵及熟成作用而得的製品。琉球王朝時代從明朝傳入的原為「豆腐乳」的發酵豆腐，到了琉球王朝則變成流傳於上流貴族之間的王府祕傳珍饌，再演變成病後的養身食品。

製作方法為，首先將豆腐切成約手指第一關節的厚度，撒上鹽、蓋上布後陰乾。表面乾燥後分切成立方體，再次陰乾2～3天直至表面乾燥。再來利用這段時間，先將紅麴放入泡盛酒中以準備醃漬液。將陰乾的豆腐用泡盛酒洗淨後，放入漬液長時間醃漬，豆腐糕的製作就完成了。

由於麴菌的發酵作用，豆腐糕品嘗起來帶有濃郁的味道為最大特徵，而隨著熟成時間愈長，味道會變得更加柔和。就像是結合了海膽的風味與起司口感的濃厚味道，可以說是珍饌中的極品。只不過，豆腐糕含有酒精，孩童食用時需特別留意。

豆腐乳

東方的乳酪
溫和的味道為特徵

- **主要原料**
  豆腐
- **主要營養成分**
  —
- **熱量**
  —
- **鹽分含量**
  —

對身體的功效

整治腸胃
血液舒暢
抑制血壓上升
抗老化
增進食慾

食用祕訣

用牙籤切下直接入口，或當作餐桌上的調味料加入粥中食用為一般吃法。也可以放入鍋物中，或是加入炒菜調味。

保存方法

瓶裝等未開罐的包裝可於常溫保存，開罐後置於冰箱冷藏。

身為豆腐發源地的中國具有各式各樣的豆腐製品，其中最為獨特的就是豆腐乳。屬於發酵豆腐的豆腐乳，主要經過四階段的製作：製作豆腐、製作黴豆腐、鹽泡漬、醃漬熟成。被認為是沖繩「豆腐糕」的根源，但豆腐乳的特徵是藉由黴菌製作。

首先，製作出含水量較少、較為堅硬的豆腐，在此豆腐接種上黴菌。經過約一週左右就能製作出表面滿布黴菌的黴豆腐，將之浸泡於濃度20％的鹽水中洗掉黴菌後，放入甕中並倒入白酒，封上蓋子埋入土讓中，進行1～2個月的重複發酵與熟成。

在甕中的乳酸菌等會進行發酵作用，讓豆腐沾染上酸味及特有的氣味。就像是結合卡芒貝爾乾酪與奶油乳酪的味道，其溫和的濃郁味道被稱作為「東方的乳酪」。

對人體能讓血液舒暢並幫助消化，對於預防高血壓及抗老化也具有貢獻。

臭豆腐

●主要原料
豆腐
●主要營養成分
—
●熱量
—
●鹽分含量
—

對身體的功效
- 整治腸胃
- 血液舒暢
- 抑制血壓上升
- 抗老化
- 增進食慾

食用祕訣
通常是油炸後沾豆瓣醬等醬料吃，也可以直接吃。另外也適合搭配酒品。

保存方法
冷藏保存。

連當地居民也不敢吃？具有強烈臭味的發酵豆腐

如同其名，是以腐敗臭味為特徵的豆腐。製法與豆腐乳相似，但在黴豆腐浸泡鹽水過後，將鹽漬豆腐與臭豆腐醪（前次使用過的臭豆腐醪的汁液與浸泡鹽水所使用的鹽水或食鹽一起混和的製品）放入甕中，於醪上再倒入白酒後密封起來，經過一個月至數個月的時間發酵。

發酵期間，因為納豆菌、乳酸菌等多數微生物的作用，會生成蛋白質、分解物及代謝產物等，而造成其獨特的臭氣與味道。在中國南方的上海、香港還有臺灣都會將臭豆腐當作小吃，於路邊攤販售用油炸過的料理。由於其氣味實在太過強烈，不敢吃的當地居民也大有人在。

另一個受歡迎的吃法為，當作早餐稀飯的小菜。其氣味與濃厚味道能誘使食慾增加，被說是最適合早上的食物。

臭豆腐是含有均衡多種維生素的養身食品，被認為具有抗老化的功效。

漬物

數量竟然超過六百種！日本為世界第一的漬物王國

漬物是日本餐桌上不可欠缺的存在，作為配菜能輕鬆攝取到蔬菜的養分。全世界有著各式各樣的漬物，其中以日本最為突出，據說擁有數量超過六百種的漬物。除了蔬菜、海藻、魚、肉等多樣的醃漬食材，漬床的種類及醃漬時間等各方面的分歧也非常多，說是「世界第一的漬物王國」一點也不言過。

漬物主要可分為「無發酵漬物」及「發酵漬物」二大類別。伴隨著發酵的漬物類型，是附著於食材上的乳酸菌與食材中的醣類進行作用發酵為基礎製成。藉由發酵散發出強烈香氣，也被稱作「新香」。因為乳酸菌的作用致使食品的pH值（酸鹼值）下降，能抑制會造成腐敗及食物中毒的細菌繁殖，讓食物能長期保存。

主要漬物的分布

米糠漬

在米糠中醃漬 日本的典型代表

米糠漬為日本的代表漬物之一。將蔬菜等食材，放入精米時的副產物米糠中醃漬，透過乳酸菌及酵母使其發酵。

經由醃漬過程讓米糠中含有的豐富營養能浸透食材，發酵後所增添的風味及香氣更能促進食慾，也因此能將富含膳食纖維的蔬菜輕鬆攝取進體內。

・蘿蔔漬
・小黃瓜米糠漬　等

自製食譜 ➡ P.156

●**主要原料**
蘿蔔、小黃瓜等蔬菜、米糠、鹽

●**主要營養成分**
鈉、鉀、磷、維生素A、B6

●**熱量**
27kcal

●**鹽分含量**
5.3g

※米糠漬小黃瓜的數值

對身體的功效
- 整治腸胃
- 提升免疫力
- 增進食慾
- 放鬆身心

食用祕訣
一般搭配飯或當作配茶小點直接吃入口。特別的是靜岡縣濱松市地區，會將切碎的蘿蔔乾放入御好燒中當食材使用。

保存方法
冷藏保存。自家製的米糠床保存於陰暗處，夏天則置於冷藏。

米麴漬

使用米麴製作 重視風味的漬物

混和米麴、鹽及砂糖並發酵製成的米糠床中，醃漬蔬菜等食材即為米麴漬。製作時重視風味，知名的有東京的「蘿蔔漬」以及福島縣的「三五八漬」。使用鹽、米麴及米製成醃床，能醃漬多樣食材的三五八漬，被當作是萬能調味料「鹽麴」的起源。

・蘿蔔漬
・三五八漬　等

●**主要原料**
蘿蔔等蔬菜、米麴、鹽、砂糖

●**主要營養成分**
鈉、鉀、維生素C

●**熱量**
57kcal

●**鹽分含量**
3.0g

※東京白蘿蔔漬的數值

對身體的功效
- 整治腸胃
- 增進食慾

食用祕訣
風味流失相當快速，因此盡早食用為關鍵。東京的蘿蔔漬切大片直接食用，三五八漬烤過或放入鍋料理都非常美味。

保存方法
冷藏保存。

酸莖漬

只用鹽醃漬而成 京都的冬季象徵

京都冬季的代表漬物，以僅生產於上賀茂地區的一種蕪菁「酸莖」為原料，並只用鹽進行醃漬，再透過乳酸發酵而成的漬物。富含乳酸菌的酸莖漬，其味道會根據醃漬地及各家的不同而出現差異，表現出各種獨特的風味。

- **主要原料**
  酸莖、鹽
- **主要營養成分**
  鈉、鉀、鈣、維生素A、葉酸、膳食纖維
- **熱量**
  34kcal
- **鹽分含量**
  2.2g

對身體的功效

整治腸胃

增進食慾

食用祕訣

直接吃入口就非常美味，除了醬油，也能撒上七味粉、炒芝麻及山椒等增添風味。害怕酸味的人，淋上少量的酒通常就能輕易食用。

保存方法

冷藏保存。

紅蕪菁葉漬

使用無鹽發酵 木曾的傳統發酵食品

在長野縣的木曾地區使用蕪菁菜製作的傳統發酵食品，稱作「すんき菜」，其特徵為採用「無鹽發酵」。一般認為對於離海相當遙遠的木曾地區而言，鹽是非常貴重的物品，這是為了不使用鹽來保存蔬菜所想出來的獨特秘方。

- **主要原料**
  紅蕪菁葉
- **主要營養成分**
  —
- **熱量**
  —
- **鹽分含量**
  —

對身體的功效

預防骨質疏鬆症

整治腸胃

提高免疫力

增進食慾

放鬆身心

食用祕訣

在發源地木曾地區，會撒上柴魚片及醬油，當作配菜或下酒菜食用，或在熱蕎麥麵中放入蕪菁葉漬的「蕪菁蕎麥麵」也是冬季的必吃美食。

保存方法

冷藏保存。

酒粕漬

生息於日本全國各地傳統的漬物

・奈良漬 等

酒粕漬為使用製造日本酒時的副產物酒粕，或是味醂粕醃漬的一種漬物。蔬菜、水果、海鮮、肉類等多樣的食材都能當作原料。日本全國各地有著各式各樣使用當地食材醃漬的酒粕漬，而其中將白瓜等用鹽及酒粕進行醃漬的「奈良漬」最為知名。

●主要原料
白瓜、小黃瓜等蔬菜、酒粕、鹽

●主要營養成分
鈉、鉀、維生素B_6、葉酸、泛酸

●熱量
157kcal

●鹽分含量
4.3g

※白瓜奈良漬的數值

對身體的功效
- 血液舒暢
- 改善肌膚問題
- 抑制血壓上升
- 改善畏寒

食用祕訣
推薦當作配菜或下酒菜，直接品嘗，不論是沾黏著酒粕或是去除掉酒粕都很美味。另外也可以當作飯糰或散壽司的食材加入。

保存方法
基本是冰箱冷藏保存。

山葵漬、芥末漬

使用米麴製作重視風味的漬物

山葵漬是將山葵的根與莖切碎後放入酒粕醃漬，混合了鹽、砂糖及味醂等製作的一種酒粕漬物，是靜岡縣及山梨縣的名產。芥末漬則是製於山形縣的庄內地區，是將稱為「民田茄子」的一種小茄子放入芥末的漬床醃漬而成。

●主要原料
Ⓐ山葵、酒粕
Ⓑ茄子、芥末、麴

●主要營養成分
Ⓐ鈉、維生素B
Ⓑ鈉、維生素A

●熱量
Ⓐ145kcal Ⓑ118kcal

●鹽分含量
3.0g

※Ⓐ＝山葵漬、Ⓑ＝米茄子芥末漬

對身體的功效
- 增進食慾
- 抗老化

食用祕訣
兩樣都是當作配飯的小菜或下酒菜，直接品嘗都很推薦。將山葵漬搭配魚板一同夾入口中品嘗也非常美味。

保存方法
冷藏保存，山葵漬也可以放於冷凍。

韓式泡菜

活力滿點！生於朝鮮的漬物

使用白菜等蔬菜、鹽、辣椒與大蒜等進行乳酸發酵製成，源自朝鮮半島。因富含乳酸菌，而具有提高免疫力的功效，膳食纖維也相當豐富。被認為能刺激腎上腺素分泌，而能促進排汗，提升代謝。

活用食譜 ➡ P.130
P.141
自製食譜 ➡ P.162

●**主要原料**
白菜、鹽、辣椒、大蒜等

●**主要營養成分**
鈉、鉀、維生素A.B_6、膳食纖維

●**熱量**
46kcal

●**鹽分含量**
2.2g

對身體的功效
整治腸胃
提升代謝
去除疲勞
提高免疫力
放鬆身心

食用祕訣
當白飯的配菜直接食用、作為「泡菜豬肉」的食材與豬肉一同伴炒，或使用於鍋物料理的調味，能享受多種食用方式。

保存方法
冷藏保存。

酸瓜

大家都耳熟能詳的歐美式醃漬物

將蔬菜用鹽醃漬，進行乳酸發酵的歐美式醃漬物。各國慣用的食材都不相同，美國使用小黃瓜的占半數以上，英國則主要使用洋蔥製作。大家所熟知的酸瓜，是將食材浸泡於醋等具有保存性的液體中，不進行發酵而製成的食品。

●**主要原料**
迷你黃瓜等蔬菜、鹽

●**主要營養成分**
鈉、維生素B_2

●**熱量**
12kcal

●**鹽分含量**
2.5g

※食物經乳酸發酵後的數值

對身體的功效
去除疲勞
整治腸胃
抗老化
增進食慾

食用祕訣
推薦搭配肉類料理食用，或夾入漢堡及三明治中品嘗也很美味。加入沙拉則能透過酸瓜的強烈酸味來凸顯蔬菜的美味。

保存方法
避開陽光直射處保存。開封後置於冷藏。

德國酸菜

誕生於德國的「酸味高麗菜」

高麗菜切絲後陰乾1～3天，混和鹽移至容器存放，壓上重石進行約一個月的乳酸發酵就製成了德國酸菜。誕生於德國的醃漬物，原文名為「Sauerkraut」，是「酸味高麗菜」的意思。特徵為強烈的酸味。

● 主要原料
高麗菜、鹽
● 主要營養成分
—
● 熱量
—
● 鹽分含量
—

對身體的功效
整治腸胃
提升免疫力
改善肌膚問題

食用祕訣
在歐洲常當作香腸等肉料理的配菜，稍微汆燙後冷卻當作沙拉食用，也可以與奶油或豬油一起煮，加入肉料理點綴。

保存方法
避開陽光直射處保存。開封後置於冷藏。

榨菜

發展歷史意外短淺 中國發酵醃漬物

使用產於中國四川省的一種稱為榨菜的芥菜製作的漬物。將榨菜肥大的莖部用鹽水浸泡後日曬，與白酒、山椒、辣椒等一同醃漬發酵而成。是中國醃漬物歷史中的新人，一般認為大約於一百年前被構想而出。

● 主要原料
榨菜、鹽、白酒、山椒等辛香料
● 主要營養成分
鈉、鉀、鈣、膳食纖維
● 熱量
23kcal
● 鹽分含量
13.7g

對身體的功效
整治腸胃
增進食慾

食用祕訣
通常是直接生吃，也可以使用於炒物料理、燉煮及湯品。稍微去除掉鹹味及酸味後用油拌炒，就能當作炒飯的佐料，或是切碎後放入雜炊品嘗也很美味。

保存方法
避開陽光直射處保存。開封後置於冷藏。

鰹魚乾（柴魚）

- **主要原料**
  鰹魚
- **主要營養成分**
  蛋白質、鉀、磷、菸鹼酸、維生素B_6.B_{12}
- **熱量**
  356kcal
- **鹽分含量**
  0.3g

對身體的功效

抗老化

改善肌膚問題

抑制血壓上升

食用祕訣

做成味噌湯、蕎麥麵、烏龍麵、拉麵或燉煮物的高湯，煮成佃煮，或是直接削薄片點綴於涼拌豆腐或大阪燒上都很美味。能活用於各式各樣的料理。

保存方法

本枯節需避開高溫多溼處，以常溫保存。荒節則需冷藏保存。

滿載鮮美味道 世界上最硬的食物

被稱作是「全世界最硬的發酵食品」的鰹魚乾。將鰹魚分切成三塊，體積較大的鰹魚則可以再將半身切分為背肉及腹肉，煮熟後煙燻乾燥，就成了「荒節」。之後再反覆進行四至五次的附上黴菌作業就成了「本枯節」。由於「本枯節」的水分已被微生物完全吸取掉，而能長時間保存。另外，根據原料及削法的不同，削節也有多樣的種類。

富含滿滿鮮味成分的鰹魚乾，能煮成高品質的高湯，也能活用於義大利風的法式料理中。

Column 印度洋上的馬爾地夫魚乾

除了日本以外，馬爾地夫群島也有在製作類似鰹魚乾的食品，他們稱作「hiki-mas」。其做法為將分切成三或五塊的魚，包含頭部及背骨一起放入鹽水煮，再煙燻約一小時。從隔天開始花費長達數周的時間使之充分乾燥就完成了。馬爾地夫魚乾自古以來為主要出口品中的一項，主要輸往斯里蘭卡。在斯里蘭卡會用於咖哩中，或是削薄、切碎當作調味料使用。

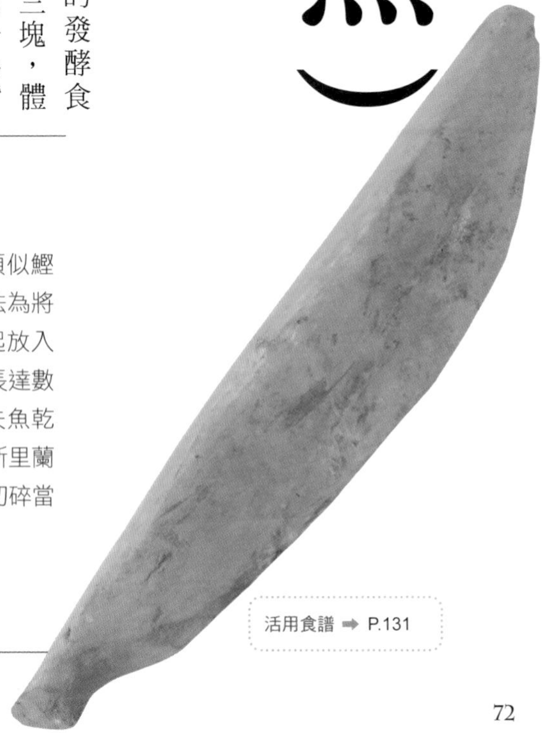

活用食譜 ➡ P.131

臭魚乾

●**主要原料**
圓鰺等魚類、臭魚乾汁

●**主要營養成分**
鈉、鈣、維生素B_{12}、葉酸

●**熱量**
240kcal

●**鹽分含量**
4.1g

※圓鰺的臭魚乾的數值

對身體的功效

- 整治腸胃
- 促進食慾
- 提升免疫力
- 預防骨質疏鬆
- 抑制血壓上升

食用祕訣

與一般魚乾相同，用中火烤過就很美味。但加熱時會增加臭氣，料理時需要顧及一下旁人。分解成小塊狀就能食用於茶泡飯，或是沾取醬油美乃滋品嘗都相當美味。

保存方法

分解成小塊狀，用保鮮膜包起或用拉鍊袋密封，冷凍保存。

具有治癒外傷的效果 臭魚乾為天然的抗菌藥

距今約四百年前，臭魚乾誕生於日本伊豆七島之一的新島。將飛魚、圓鰺魚、鬼頭刀等魚類，放入帶有獨特風味的「臭魚乾汁」浸泡10～20個小時左右，再經過日曬1～2天而成的魚製品。而臭魚乾汁的廬山真面目是海水。在當時，鹽是貴重品，所以不斷地重複使用相同的海水浸泡魚的過程中，魚的鮮味會溶入到海水中並發酵，就成了臭魚乾汁。

臭魚乾不只含有維生素、胺基酸等豐富的營養成分，更驚人的是，我們發現到它還具有抗菌作用。臭魚乾汁含有多量的抗菌性物質，將之塗於傷口或腫脹等患部，不花多久時間就能治癒。

因此，在原產地的伊豆諸島，在醫療體制尚未發達的時代，臭魚乾汁作為治療藥物備受珍惜。不論是身體微恙或是外部受傷，就會將漬液當作藥品喝下或是塗抹於患部。真不愧是被稱作「天然的抗細菌藥」的食品。

鹽辛

- **主要原料**
  魷魚等海鮮、鹽
- **主要營養成分**
  鈉、維生素A、維生素B_2・B_{12}
- **熱量**
  117kcal
- **鹽分含量**
  6.9g

※魷魚鹽辛（赤作）的數值

對身體的功效

- 促進血液循環
- 抗老化
- 給予滋養

食用祕訣

一般是當作配飯小菜直接食用，搭配蘿蔔泥當作下酒菜也非常美味。由於滿載著鮮味成分，也能為鍋物料理提味。

保存方法

冷藏保存。

海鮮發酵食品代表性的存在

鹽辛為將海鮮的肌肉及內臟中加入10%以上的高濃度鹽防止腐敗的同時，藉由酵素進行發酵、熟成，釀製成鮮美的保存食品，作為使用海鮮製作發酵食品的代表性存在。鹽辛魷魚、鹽辛鰹魚內臟（又稱酒盜）、鹽辛海參內臟（又稱海鼠腸）、鹽辛鮭魚腎臟（又稱女奮）等，日本鹽辛的種類雖然很多，但生產量最多、最受歡迎的為鹽辛魷魚。魷魚含有多量的「牛磺酸」，可以滋養身體。

有關鹽辛魷魚的發酵，其內臟含有的消化酵素扮演著重要的角色，能夠生成美妙的成分。

另外，高濃度的食鹽，能抑制會引起食物中毒的黃色葡萄球菌的增值，因而能達到長期保存。不過近年來出現愈來愈多的少鹽鹽辛商品，因此還是冷藏保存比較好。

活用食譜 ➡ P.135

各地的鹽辛小百科

除了最具代表性的「鹽辛魷魚」，
日本還製作了很多
魷魚以外的罕見鹽辛。
在這裡將介紹最為珍奇的三個種類：
「酒盜」、「海鼠腸」與「女奮」。

高知縣

酒盜

以鰹魚內臟為原料的高知縣名產。據說作為下酒菜時「酒就像被偷走般的一直減少」，也是取名「酒盜」的由來。與奶油乳酪等一起食用，搭配同為發酵的食物的話，能互相彰顯香氣。另外也常被當作調味料活用，當作提味更能增添料理的風味。

石川縣、愛知縣、山口縣等

海鼠腸

與烏魚子、海膽並列為日本三大珍味，是以海參的腸子為原料製作。海參又名「海鼠」，再加上使用的部位為腸子，因此就變成了「海鼠腸」。除了當作下酒菜的基本吃法，注入熱過的酒變成「海鼠腸酒」也相當美味。

北海道

女奮

以鮭魚的內臟為原料製作的鹽辛。為北海道的當地料理，據說其名子的由來是源自愛奴語中意指「魚的背（腎臟）」的單字「女奮」。口感綿密，除了作為下酒菜，也富含能消除壓力、有效預防貧血的維生素B12及鐵，作為健康食品也相當受矚目。

米糠漬魚

鯖魚、沙丁魚、河豚、日本叉牙魚……種類多元又豐富

米糠漬一般多是醃漬小黃瓜或蘿蔔等水分含量多的蔬菜，但也有使用魚進行醃漬的種類。米糠漬魚的起源相當久遠，依照文獻來看，一般認為在鎌倉時代就已經出現了這個製品。

米糠漬魚使用的魚種非常多元，在起源地的日本北陸地區，大多使用鯖魚、沙丁魚和河豚。其中最具代表性的為鯖魚及沙丁魚，使用這二種魚製作的米糠漬物被稱為「へしこ」（heshiko，壓魚）。

還有，米糠漬沙丁魚不僅限於北陸地區，日本全國各地都吃的到。製作方法是將沙丁魚的頭部及內臟去除，撒上相較魚的30～35％的食鹽並放入木桶中浸泡，再壓上重石經過十天的鹽漬製程。此時會浮出水分，將此液體作為鹽液保管起來。接著將水分去除，放入混和了麴與辣椒的米糠中醃漬，再加入沙丁魚的鹽液，經過六個月至一年的熟成時間即完成。

主要的米糠漬魚的分布

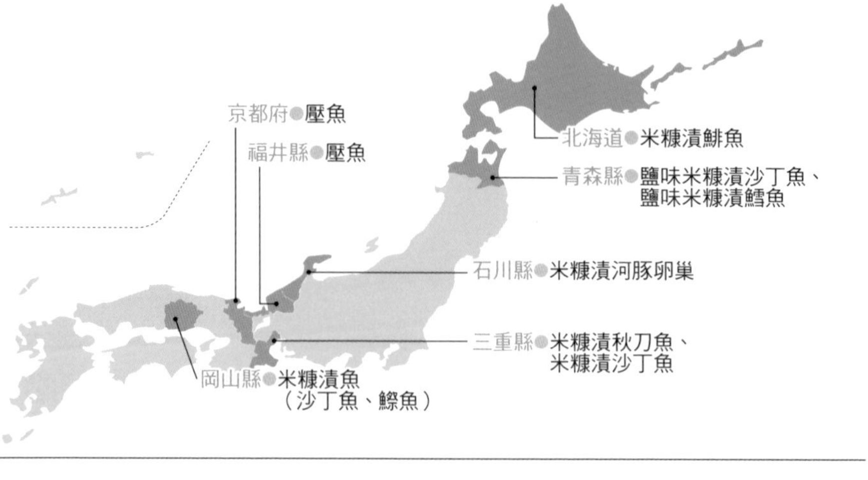

壓魚

作為冬季的存糧備受珍惜的福井名產

福井縣的傳統料理，曾為冬季的存糧備受重視，現在則是人氣極高的福井名產。因為使用重石加壓醃漬的「壓入」製法，而得「壓魚」之名。以鯖魚製的壓魚產量最多，但其實也可以使用沙丁魚、河豚、魷魚等製作。

●**主要原料**
鯖魚、沙丁魚等魚種、鹽、米糠、米麴、辣椒等

●**主要營養成分**
—

●**熱量**
—

●**鹽分含量**
—

對身體的功效

增進食慾

消除疲勞

食用祕訣

沾附著米糠直接稍微炙烤，就能產生出獨特的風味與香氣。當作配飯的小菜外，作為壽司的餡料或當義大利麵、披薩的食材使用也非常美味。

保存方法

置於陰冷處或冰箱冷藏保存，冷藏保存較不易流失風味。

米糠漬河豚卵巢

全世界再也找不到第二個透過發酵去毒的美食

將含有大量猛毒河豚毒素的河豚卵巢，浸泡於鹽水中一年，並花費二年時間醃漬於米糠中，就成了石川縣名產。藉由鹽漬的脫水，以及米糠含有的乳酸菌及酵母來「解毒發酵」，是找遍全世界也找不到的「去毒發酵食品」。可以說是身為發酵王國的日本，才會有的奇蹟珍饌。

●**主要原料**
東方魨的卵巢、米糠、米麴、鹽、魚露（沙丁魚）

●**主要營養成分**
—

●**熱量**
—

●**鹽分含量**
—

對身體的功效

增進食慾

食用祕訣

切成3～4mm的厚度，當作配飯的小菜或搭配日本酒、啤酒食用都很美味。用於茶泡飯也很好吃，也能活用於飯糰及義大利麵中。

保存方法

冷藏保存。

熟鮓

流傳於繩紋時代 壽司的起源

熟鮓，將海鮮混和米飯後壓上重石，以乳酸菌發酵的製品。這是在冰箱還未發明的遠古時代，為了保存動物性蛋白質而發想出的食品。還被稱為是壽司的起源，歷史相當久遠。一般認為是於彌生時代或更早的繩紋後期，從中國南部或東南亞傳入日本。

在醃漬的過程中，首先米飯會因乳酸菌的作用生成乳酸，使魚及米飯整體變酸，降低pH值（酸鹼值）。藉此抑制雜菌的繁殖，同時將魚的蛋白質轉變為胺基酸釀成鮮味。隨著醃漬的時間變長，米飯也會更加液化，這種情況通常就只會吃魚肉本身，又或是在米飯液化前，一起享用魚以及米飯。

熟鮓不僅能長期保存魚，發酵中的微生物能生成大量的維生素B群，並且還含有乳酸菌。

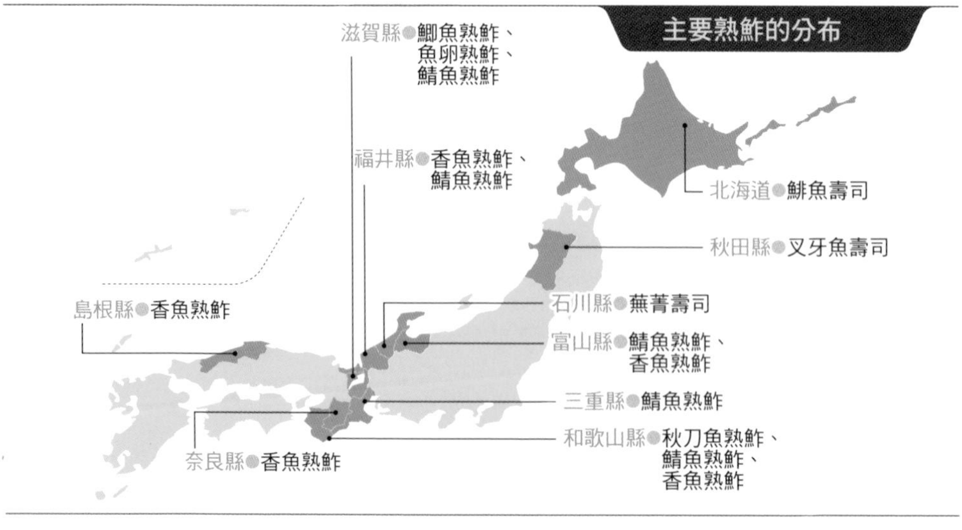

※琵琶湖周邊也有香魚、泥鰍、鮒魚、鯉魚、諸魚、鯰魚、鱲魚、石斑魚等的熟鮓。

鯽魚熟鮓

近江的鯽魚熟鮓為日本代表性的熟鮓

將出產自琵琶湖的鯽魚的內臟去除後，進行鹽醃漬、排鹽、飯醃漬等四十項製程，花費一至二年時間製成熟鮓。使用琵琶湖的特有種似五郎鮒魚的製品相當高價，其中含有魚卵的種類更是受到珍重。甚至在奈良的木簡上殘留有紀錄，其歷史相當悠久，作為日本的代表性熟鮓，其傳統現在也持續流傳著。

●主要原料
鯽魚、鹽、米等
●主要營養成分
—
●熱量
—
●鹽分含量
—

對身體的功效
整治腸胃
消除疲勞
提升免疫力
改善肌膚問題

食用祕訣
直接當作下酒菜或配飯小菜食用、做成茶泡飯，或是將魚鰭部分放入酒中變成「魚鰭酒」飲用等，有各式各樣的享用方法。

保存方法
能於常溫、冷藏、冷凍中保存。常溫保存的話，熟成會繼續進行。

蕪菁壽司

鮮味、甜味、酸味口感完美調和的逸品

將切成片狀的蕪菁中夾入薄切的寒鰤，用鹽與米麴醃漬十天左右，就是蕪菁壽司。雖然乍看是蕪菁的漬物，其實是貨真價實的熟鮓。少了其他熟鮓會有的獨特氣味，米麴及蕪菁的甜味，鰤魚的鹹味及鮮味、因發酵而生的些許酸味、鰤魚與蕪菁搭配的扎實口感，完美調和一切的石川縣名產。

●主要原料
鰤魚、蕪菁、米麴
●主要營養成分
—
●熱量
—
●鹽分含量
—

對身體的功效
整治腸胃
消除疲勞
提升免疫力
改善肌膚問題

食用祕訣
不需將米麴洗去，直接分切，淋上一點臭橙及醬油品嘗就非常美味。

保存方法
用保鮮膜包起避免與空氣接觸並置於冷藏保存。放入冷凍的話會傷到蕪菁的纖維而影響口感，所以避免放入冷凍庫。

熟鮓小百科

熟鮓一般是使用魚作為原料製作，
但使用魚以外的原料製作的熟鮓其實一點也不少。
這裡為您介紹，全世界上珍奇的
「木通」及「豬肉」的熟鮓。

使用植物為食材珍奇的熟鮓

在日本青森縣弘前市近郊的村落，會使用熟成的木通與山葡萄，以及糯米等植物製作熟鮓。

其製法為：將山上採集來的木通去除種子，只留下皮，過一下熱水。山葡萄從串中取下，用水洗過後瀝乾。

接著，在煮熟的糯米中加入約200g山葡萄、砂糖7大匙、鹽一撮，均匀混和，接著將之包入木通皮中。

在醃漬木桶的底層鋪上剩餘的混和了山葡萄的糯米飯，在那之上擺入木通，最上層同樣再蓋上糯米飯，最後蓋上蓋子進行發酵。

經過二個月的發酵時間，呈現著美麗紅紫色的「木通熟鮓」就大功告成了。

製成的木通熟鮓口味酸甜，並與酒精的芳香完美調和。熟鮓在中國及東南亞等世界各地都有製作，但像這個木通熟鮓般，純植物性的熟鮓則是非常稀有。

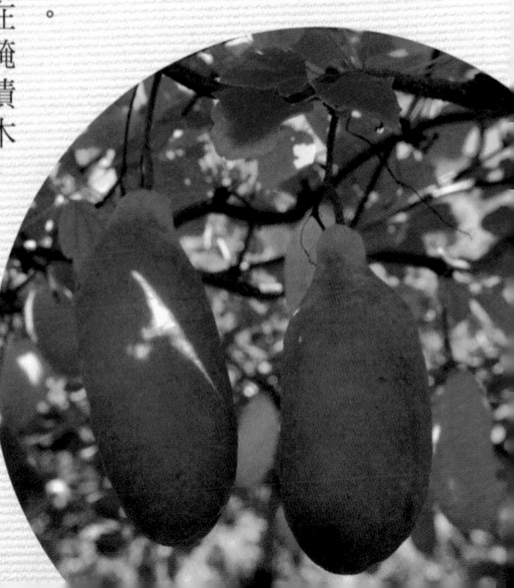

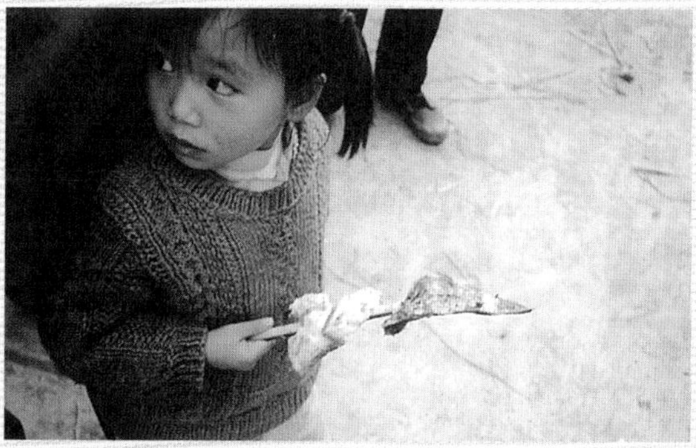

吃著豬肉的熟鮓的壯族女孩

侗族的點心 豬肉的熟鮓

在中國廣西的壯族自治區中，存在著以豬肉為原料製作熟鮓的少數民族。

豬肉的脂肪比魚還多，而且脂肪很容易氧化，隨著時間的進行，味道漸漸變得苦澀、釋放出異臭、顏色變成褐色等都是常見的現象。

話說回來在這個地區，經過多年的長時間發酵、成熟的豬肉熟鮓非常普及。而且即使時間再長，豬肉的脂肪依舊沒有氧化，也沒有發生色澤改變的現象。

其確切的理由不得而知，但能讓經過這麼長期的發酵都不會引起氧化或劣化的原因，被認為應該是因為在發酵、熟成的過程中，生成了乳酸菌等微生物能抑制氧化的物質（抗氧化劑）。

豬肉的熟鮓在生活於廣西壯族自治區中的少數民族的侗族之間廣為流傳，作為小孩的零嘴在日常生活中普遍地食用著。

白黴莎樂美腸

白黴才獨具的風味與融化般的口感為特徵

莎樂美腸主要是用豬絞肉混和鹽、辛香料等塞入豬的腸子，經過低溫乾燥、熟成，發祥於義大利的保存食品。以充分活用辛香料，不進行隔水加熱、煙燻等乾燥過程製成的製品為主流，依據國家以及地區的不同，發展出各自的製法。也有很多是將產地的地名直接冠於莎樂美腸，能品嘗到各式各樣的味道、香氣及口感也是一大特徵。

白黴莎樂美腸，如同其名使用白黴讓豬肉的脂肪、蛋白質進行分解熟成。會讓人聯想到卡芒貝爾乾酪的白黴所特有的風味，以及入口即化般的口感。以法國為首，包括匈牙利、西班牙、義大利、德國等歐洲國家以外，日本也都有在製作。有棒狀或一口大小等各式各樣形狀的製品。

傳統的製法是使用牛、豬、羊等動物的腸子。但是最近使用多樣原料的人工製品取代腸子的種類也愈來愈多。

對身體的功效

預防貧血

增進食慾

食用祕訣

可以直接連著黴菌食用。往往切薄片當作開胃小菜直接吃，或是作為配酒的小菜也很對味。也可以活用於三明治或披薩中。

保存方法

冷藏保存。

- **主要原料**
  豬肉、鹽、辛香料
- **主要營養成分**
  —
- **熱量**
  —
- **鹽分含量**
  —

思華力腸

●**主要原料**
豬肉、牛肉、豬脂、鹽、辛香料

●**主要營養成分**
—

●**熱量**
—

●**鹽分含量**
—

對身體的功效

預防貧血

增進食慾

食用祕訣

因具有濃厚的鮮味，直接切片當葡萄酒或啤酒的下酒菜、或是搭配蘇打餅乾一起食用都很美味。其他像是當作三明治或是披薩的餡料也都很推薦。

保存方法

冷藏保存。

可以嘗到微微的酸味與油脂的鮮美味為一大魅力

思華力腸作為世界最古老的香腸而廣為熟知，其發源地據說來自德國。

傳統的製法為，將豬肉或牛肉切碎後用鹽醃漬，加入以豬油、胡椒為主體的辛香料，並塞入以豬的腸子為首的各種腸衣。接著進行冷燻使之乾燥，藉由乳酸發酵熟成，散發出溫醇的鮮美味道即完成。

肉質與油脂都非常細緻為其特徵，耗費了時間及手續慢慢培育而成，能享受其柔滑的舌觸。搭配著乳酸菌的細微酸味一同在口中擴散開來的鮮美油脂也是一大魅力。

每家使用的肉品及辛香料的種類也有所不同，有些會加入白蘭地、葡萄酒以增添香氣。又或是因地域不同而存在著不經煙燻的製作方式，其實製品的種類真的非常多元。

義式臘腸

●**主要原料**
豬肉、鹽、辣椒

●**主要營養成分**
—

●**熱量**
—

●**鹽分含量**
—

對身體的功效
預防貧血
增進食慾

食用祕訣
由於搭配起司非常對味，最適合當作披薩的餡料，義大利麵及沙拉也很適合。更別說下酒菜了，薄切後食用為最常見的吃法。

保存方法
陰暗處或於冷藏保存

大家最熟悉的披薩餡料！帶有辣味的莎樂美腸

義式辣味臘腸（pepperoni）在義大利經常出現在披薩的餡料中，是備受歡迎的一種莎樂美腸。

其單字來自於義大利語中意指辣椒或青椒的「peperoni」，因是在細切的豬絞肉中加入辣椒等辛香料混和製作，所以使用辣椒或青椒作為辛香料製成的莎樂美腸，一般便稱為義式辣味臘腸。半數以上的義式臘腸是使用豬肉製成，但也有一部分是使用牛肉。

不經過加熱，慢慢花時間使之乾燥熟成的製作方式，柔軟的口感與誘發食慾的鮮豔紅色，並且特殊的辛香料所帶來的刺激辣味為最大的特徵。與起司相當對味，因此是披薩不可欠缺的餡料。

另外，辛香料味道濃烈的特辣義式臘腸則被稱為「Sajda」。

西班牙香腸

●**主要原料**
豬肉、鹽、辛香料

●**主要營養成分**
—

●**熱量**
—

●**鹽分含量**
—

對身體的功效

預防貧血

增進食慾

食用祕訣

在西班牙通常切成薄片直接享用、夾進三明治中、當下酒菜，或是加入一種叫做「Garbanzada」的燉煮料理或湯品，具有各式各樣的品嘗方式。

保存方法

冷藏保存

誕生於熱情的國度 紅椒風味的香腸

「Chorizo」為誕生於熱情之國——西班牙的一種發酵香腸。是將剁碎的豬肉中加入豬肉的肥肉或油脂混和，再用鹽、紅椒、大蒜等進行調味後塞入腸衣中，經過乾燥、熟成的製品。為了與其他的香腸做區隔，在西班牙當地，將之定義為「使用紅椒而呈現紅色與帶有獨特香味的類型」。

根據不同的形狀、味道、硬度，西班牙香腸也存在著豐富的種類。具有能直接生食、烘烤、煎炒、燉煮等各式各樣的料理方法為其特徵。除了豬肉以外，也有時候會使用鹿肉或羊肉製作。

日本大眾對於西班牙香腸一般存有著「辣」的印象，這是因為西班牙香腸在中世紀西班牙侵略中南美洲時傳入，並在墨西哥等地有了獨自的發展。墨西哥的西班牙香腸因為放入了辣椒而有辣度，又正巧流通於日本的大多是墨西哥式的西班牙香腸，因此才有著「西班牙香腸＝辣」的既定印象。

生火腿

- **主要原料**
  豬肉、鹽
- **主要營養成分**
  蛋白質、脂質、鈉、鉀、維生素B_1.B_2.B_6
- **熱量**
  268kcal
- **鹽分含量**
  5.6g

※長期熟成的生火腿的數值

對身體的功效

預防貧血

增進食慾

食用祕訣

除了切薄片直接享用以外，與哈密瓜、西洋梨及無花果等水果搭配品嘗，也十分美味。也推薦加入歐姆蛋及義大利麵中。

保存方法

避開高溫多溼，常溫或冷藏保存皆可。

歷經長期的熟成
芳醇的風味與美麗的色澤極負魅力

誕生於歐洲的生火腿，是將豬肉的大腿肉進行鹽漬、乾燥、熟成的成品，通常是指未經加熱殺菌的發酵肉。

可以分為煙燻的製品，以及只進行鹽漬、乾燥不經煙燻的兩個種類。前者為短時間製作，因此發酵程度較低。而身為歐洲的傳統生火腿的西班牙「Jamón Serrano」以及義大利「Prosciutto」則為後者，需經過長時間的熟成，具備芳醇的風味與美豔的色澤。

以生火腿的生產地而知名的西班牙來說，一年的生產量約為三千萬至四千萬隻，蔚為世界第一。常見的生火腿是以白豬肉製作的「Jamón Serrano」，「Jamón」指的是「火腿」；而「Serrano」是「山的」的意思，如同其名，傳統是在山岳地區製作。另一方面，西班牙原產的黑豬肉，在日本也相當有人氣的伊比利黑豬，也會使用於製作生火腿，與白豬製的火腿做為區別，被稱作「Jamón Ibérico」。

活用食譜 ➡ P.137

相似於鰹魚乾的肉類發酵食品

**鰹魚乾為日本號稱「世界最堅硬的食品」。
另一方面緊鄰的中國，
存在著與鰹魚乾的製作方法幾乎相同，
與鰹魚乾一樣硬梆梆的肉類發酵食品。**

使用高級豬的大腿肉 中國的發酵食品

在中國浙江省製作生產的「火腿」是一種與日本鰹魚乾相似的肉類發酵食品。是以完全不餵食穀物，只給予發酵的茶殼或白菜當作飼料餵養培育，稱為「兩烏豚」的高級豬的大腿肉為原料，加上以黴菌為主的發酵菌製成。切開的斷面呈現如火般的紅色，因此取名為「火腿」。

與鰹魚乾的不同之處在於原料以及無經烘乾、煙燻工程。與鰹魚乾一樣，製作完成的火腿也非常堅硬。距今約八百年前的中國製成的傳統火腿，大多用來煮湯頭、分切小塊加入燉煮物或炒菜中。而且價格不低，幾乎都是透過香港出口至國外，為賺取外幣付出貢獻。也因此每一隻火腿都有標上號碼，嚴格管理。

熟成肉是什麼東西？

近幾年，颳起一陣旋風的「熟成肉」。
無關乎其製程未經過發酵作用，
為什麼熟成肉不會腐敗，反而非常可口呢？
這裡將解說其製作原理。

藉由低溫乾燥提升味道及香氣

熟成肉就是將牛肉及羊肉等肉品，透過低溫保存的方式使之熟成，變得柔軟、吃起來口感更好的製品。

一般肉品放置一段時間後會變硬、保水性下降，接著進入腐敗程序。但若是在溫度維持1～2℃、溼度80％上下的庫房中，並經常給予通風的方式保存一個月，隨著熟成的進展，肉品會變得柔軟、也能恢復保水性，香味更加提升。利用這種方法讓肉品熟成，我們稱之為「乾燥熟成肉」。

雖然費時費工但勝在好吃

為什麼熟成的過程，能讓肉品變得柔軟？味道及香氣都能夠提升呢？這是因為，經過食用肉品處理後收縮的肌肉得以舒緩的同時，使

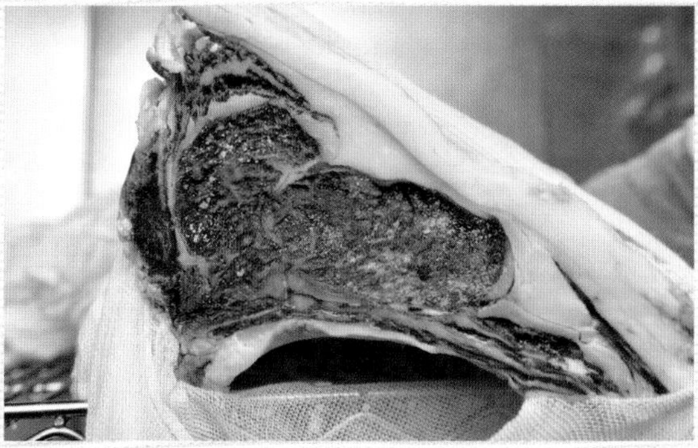
保存庫で熟成中の肉

之收縮的物質變化為風味。並且，在熟成期間，肉品的天然酵素等作用，緩慢分解了蛋白質而增添風味，藉由乾燥使水分蒸發出來。隨著乾燥的進行，肉品的重量會損失20％左右，但其減少部分的風味及香氣會被鎖在內部。而熟成的過程，肉的色澤會變成紅黑色，並於表面長滿了白色的黴菌。

不只乾燥會損失重量，長黴的部分也需要切除，因此最終成品的肉體大約只剩乾燥前狀態的六、七成左右，實在說不上是個有效運用的食物。另外，若是溫度稍微上升1～2℃，就不是熟成而是腐敗；又或是再降低1～2℃，則會凍住而無法進行熟成作用，因此需要嚴格控管溫度。

像這樣費時費工，又不合成本的製作，一直以來都不太受到市場關注。但是近幾年，大家愈來愈積極追求肉品的美味，因此從事熟成肉的製造、販售的人也逐漸增加。

經由加熱料理 美味度更上一層樓

熟成肉具有美妙的香氣，濃縮的風味。不論薄切後醃泡醬汁、用起司包著吃，或是加熱食用，都非常美味。

起司

將乳品的豐富營養全部凝縮起來 便於消化吸收的代表性發酵乳製品。

作為代表性的發酵乳製品的存在，起司具有相當久遠的歷史，大約七千年前的波蘭被確認為世界最早製作起司的地方。由此可知，起司是起源於人類開始利用家畜的乳品時，乳中混入了乳酸菌發酵而得。

根據製法及發酵微生物的不同，世界上存有數千種類的起司，但其營養成分並無太大的差別。起司中濃縮了蛋白質、各種維生素、鈣等營養成分。

另外在日本，分解乳糖能力低下的人很多，若是喝了牛奶，會因無法分解牛奶中含有的乳糖而容易拉肚子，但起司因為不含有乳糖而能安心食用。並且在製作起司時產出的副產物「乳清」，其高蛋白、低脂肪而具有高度營養價值，能促進胰島素的分泌，最近常被用作於營養食品的原料。

歐洲主要的起司分布

天然起司

善加活用自然的力量 非加工的起司

不經過加熱，存留著乳酸菌及酵素的活性，活用其本身的力量製作成起司。能品嘗起司本身的風味及個性是最大特徵，以「莫札瑞拉起司」、「卡芒貝爾起司」最為知名。在起司發源地的歐洲，提到起司時，一般指的就是天然起司。

活用食譜 ➡ P.135

- **主要原料**
  牛、水牛、山羊等的乳品
- **主要營養成分**
  蛋白質、鈉、鈣、維生素A、B2、葉酸
- **熱量**
  310kcal
- **鹽分含量**
  2.0g

※卡芒貝爾起司的數值

對身體的功效

- 預防骨質疏鬆症
- 預防斑點
- 改善肌膚問題
- 給予滋養
- 放鬆身心

食用祕訣

最推薦趁著新鮮直接享用。隨著熟成的進行，酸味會變得強烈，可以加熱作為製作餅乾或蛋糕等點心的材料。變硬的話，則可以使用於焗烤或義大利麵，同樣美味。

保存方法

保鮮膜包起並冷藏保存。

加工起司

味道經過調整 異味較少的起司

將天然起司加熱後中止其發酵，調整過味道的固態成品即為加工起司。經由加工讓風味固定、減少特殊異味、拉長賞味期限為其特徵。市面上也販售著加入堅果、或用胡椒調味等各式各樣變化的品項。

- **主要原料**
  牛、水牛、山羊等的乳品
- **主要營養成分**
  蛋白質、鈉、鈣、維生素A.B2、葉酸
- **熱量**
  339kcal
- **鹽分含量**
  2.8g

對身體的功效

- 預防骨質疏鬆症
- 預防斑點
- 改善肌膚問題
- 給予滋養
- 放鬆身心

食用祕訣

當作零嘴或下酒菜，直接食用就很好吃，片狀起司則是推薦搭配麵包做成三明治。也可以當作披薩或焗烤的材料使用。

保存方法

冷藏保存。

優格

保加利亞人的長壽祕訣？備受全世界喜愛的發酵食品之王

屏除醋等調味料的話，優格被稱為與起司並列為人類初次遇到的發酵食品。於六千至八千年前的中亞，一般認為當時裝有生乳的容器中偶然加入了乳酸菌而產生發酵，就是優格的起源。

優格開始備受矚目的原因是，得到諾貝爾生理學．醫學獎的俄國學家——梅契尼可夫博士，於1900年代發表的研究「保加利亞之所以有很多超過二百歲的長壽者，是因為日常中有在攝取優格」。將現擠出的乳品放置於氣溫15℃的環境中，就會因為空氣中的乳酸菌作用而形成優格，由於製法非常簡單，已普及於世界各地。

含有豐富乳酸菌及鈣的優格，除了整腸效果，也能預防骨質疏鬆症等多樣益於身體的效用。跟起司相同，成分不含乳糖，對於喝牛奶會感到腸胃不適的人而言，能夠安心進食。

主要發酵乳的分布

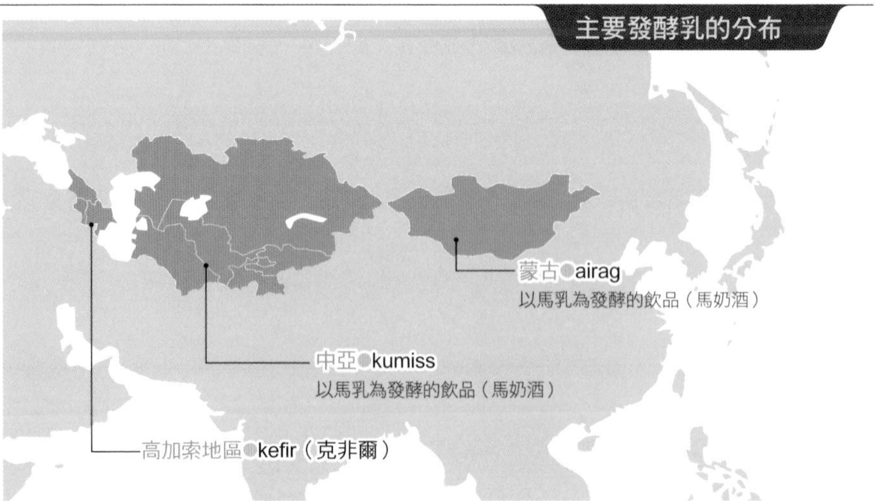

日本的優格

政府官方也認可的高度健康效果為其魅力

日本優格的類型很多，將乳品原料以乳酸發酵製成的原味類型、加入水果或果汁等的甜點類型，還有像飲料的優酪乳類型。具有優異的整腸作用等益處，多數的製品被日本的厚生勞動省認可為特定保健用食品。

活用食譜 ➡ P.132

●**主要原料**
牛奶

●**主要營養成分**
蛋白質、鉀、鈣、維生素B_2、葉酸

●**熱量**
62kcal

●**鹽分含量**
0.1g

※全脂無糖（原味優格）的數值

對身體的功效

- 整治腸胃
- 提升免疫力
- 預防骨質疏鬆症
- 放鬆身心

食用祕訣

一般為直接食用，或是與蔬菜混和涼拌也很美味。由於和多種調味料都很合拍，可以當作燉煮料理的提味或是做成印度烤雞的醬汁。

保存方法

冷藏保存。

世界的優格

發酵乳與酵母生成珍貴的優格

全世界的優格之中值得關注的是，常見於東歐各國及俄羅斯等地的「克非爾（kefir）」。原料乳品經過殺菌後，加入乳酸菌及具有酒精發酵性酵母的「克非爾粒（kefir grains）」使之發酵，發酵後的酒精濃度不到1％。

自製食譜 ➡ P.164

●**主要原料**
牛奶

●**主要營養成分**
—

●**熱量**
—

●**鹽分含量**
—

對身體的功效

- 整治腸胃
- 提升免疫力
- 預防骨質疏鬆症
- 放鬆身心

食用祕訣

雖然可以直接食用，但由於具有強烈酸味，通常會加入水果或蜂蜜等調味後再飲用。而在立陶宛，會作為冷湯的材料使用。

保存方法

冷藏保存。

發酵奶油

- **主要原料**
  牛奶
- **主要營養成分**
  脂質、鈉、維生素A、脂肪酸
- **熱量**
  752kcal
- **鹽分含量**
  1.3g

對身體的功效

提升免疫力
抗老化
改善肌膚問題
預防骨質疏鬆症
滋養身體
整治腸胃

食用祕訣

吃法與無發酵奶油相同。靜置於常溫一段時間，稍微軟化後塗在麵包上享用就很美味，使用於料理及甜點製作的話，能讓風味更加提升。

保存方法

冷藏保存。

將鮮奶油經過發酵美妙香氣與味道的奶油

奶油可以分成「無發酵奶油」與「發酵奶油」二種，市面上常見的大多是「無發酵奶油」。另一方面，在歐洲地區日常中大多使用的是「發酵奶油」。

發酵奶油的製法為，將從牛奶分離出的鮮奶油進行加熱殺菌，冷卻後加入乳酸菌，置於25℃的環境中使之發酵16小時即完成。比無發酵奶油的香味更香、風味更佳，並且依據添加的乳酸菌種類的不同，香味及風味也會不太一樣。除了將鮮奶油以乳酸菌使之發酵的製法以外，也可以在做好的奶油中添加乳酸菌製作。

日本一直以來以無發酵奶油為主流，那是因為奶油是隨著近代的製造技術一起傳入日本。但是最近，有在販售發酵奶油的店舖也逐漸增加中。另一方面在歐洲，自古以來一直製作著奶油，以前的技術無法將鮮奶油從牛奶中完全分離，在分離前就進行了乳酸發酵，於是就直接繼續延用並流傳至今。

活用食譜 ➡ P.134

酸奶油

藉由發酵提高鮮奶油的酸味及保存性

●主要原料
鮮奶油
●主要營養成分
—
●熱量
—
●鹽分含量
—

對身體的功效

- 提升免疫力
- 抗老化
- 改善肌膚問題
- 預防骨質疏鬆症
- 抑制血壓上升
- 整治腸胃

食用祕訣

可代替美乃滋加入馬鈴薯沙拉中，或是加在蒸熟的馬鈴薯上、起司蛋糕中，活用的幅度相當廣泛。

保存方法

冷藏保存。由於風味容易流失，仔細確認賞味期限，建議於開封後盡早食用完畢。

將鮮奶油以乳酸菌發酵製成的就是酸奶油。

獨特的爽快酸味，比鮮奶油的口感更加清爽為特徵，其保存期限也更長、並且為非液態而帶點適度的固狀，能塗在麵包及蘇打餅上享用，也可以用於製作料理及點心的材料等，應用的範圍非常廣泛，方便使用這點也是酸奶油的一大魅力。

實際上，酸奶油較常被當作調味料使用，在歐美會當作調製沙拉淋醬的基底，或用於製作蛋糕、餅乾或甜甜圈。在俄羅斯則是將酸奶油稱作「smetana」，混和於羅宋湯中食用、在酸奶牛肉料理完成後加入讓肉變得更軟嫩等，作為調味料活用於傳統的俄羅斯料理。

麵包

世界各國都有其獨特種類 受歡迎的發酵食品之一

麵包是全世界的日常飲食中備受歡迎的一種發酵食品。將穀物的粉中加入酵母以及水，揉捏成「生麵團」發酵後進行烘焙。

為了使麵包膨脹，製作麵包時加入適當的酵母是不可欠缺的一環。酵母又可分為「新鮮酵母」及經過乾燥的「乾酵母」，即使是天然酵母也存在著不是用於食品的病原酵母。

作為麵包主原料的小麥粉，其歷史相當悠久，據說在距今一萬年前開始栽種小麥，將之收成後磨成粉食用。接著演變成在粉中加入水做成粥狀食用。在煮粥的過程中煮沸溢出的麵糊，被熱炭或燒石烤焦的部分變得非常好吃，其後便發展成了麵包。

日本於繩文時代就有食用小麥加工食品的紀錄，但是現今的發酵麵包，則是於1543年，由航行在種子島附近的葡萄牙貿易商船帶來日本而傳入。

主要麵包的分布

紅豆麵包

誕生於日本點心麵包的代表

日本麵包店木村屋（今木村屋總本店）的創始者於明治時代所研發的甜點麵包。在加入了酒醪發酵過的麵包中包入小紅豆。至今已不侷限於小紅豆，除了會放入白豆沙餡及豌豆餡（鶯餡）等以外，包入奶油餡或鮮奶油的種類也非常受歡迎。

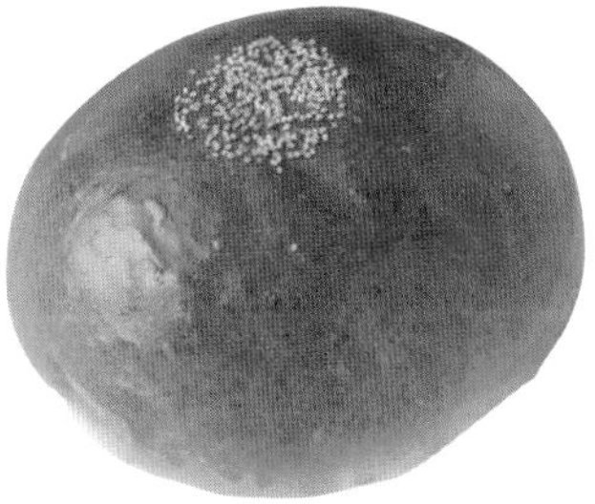

- **主要原料**
  小麥粉、紅豆餡、酒種
- **主要營養成分**
  醣類、蛋白質、脂質、鈉
- **熱量**
  280kcal
- **鹽分含量**
  0.7g

※顆粒紅豆餡麵包的數值

對身體的功效
給予滋養
增進食慾

食用祕訣
烘焙出爐後放2～3小時為最佳品嘗時間。可以當正餐也可以當甜點，與日本茶、紅茶或牛奶等搭配都很適合。即使都是紅豆麵包，也有分為紅豆泥餡及顆粒內餡，可以依個人喜好做選擇。

保存方法
常溫保存並於二天內食用完畢。

吐司模製麵包

素雅的味道最通俗的麵包

用特定模型烘焙出的麵包的總稱。小麥粉加入砂糖、鹽、油脂及水等，揉捏成生麵團，再用麵包酵母進行第一次發酵。接著分切成合適大小的球狀，塞入模型中進行二次發酵後就放入烘烤。可以做成吐司或三明治，享用方式非常多元。

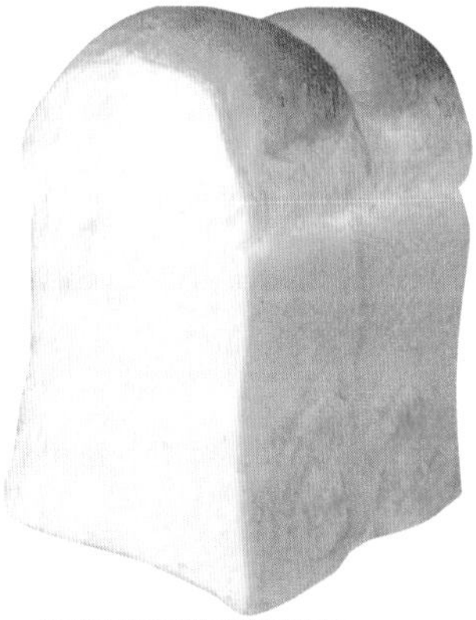

- **主要原料**
  小麥粉
- **主要營養成分**
  醣類、蛋白質、脂質、鈉
- **熱量**
  264kcal
- **鹽分含量**
  1.3g

對身體的功效
給予滋養
增進食慾

食用祕訣
烘焙出爐後放2～3小時為最佳品嘗時間。烘烤過的麵包去除了發酵的異味，變得帶點溼度又柔軟，烤製的色澤均勻、帶有適度彈性的最為完美。

保存方法
常溫保存數日。

潘妮朵妮水果麵包

義大利米蘭的聖誕節水果麵包

誕生於十五世紀的義大利米蘭，會在聖誕節烘焙的甜點。傳統製法為用牛奶取代水製作的布里歐修（Briche）生麵團中，放入葡萄乾及檸檬皮等一起烘焙。只使用一種叫做「Panettone菌種」的特殊天然酵母製作。

●主要原料
小麥粉、水果乾

●主要營養成分
—

●熱量
—

●鹽分含量
—

對身體的功效
給予滋養
增進食慾

食用祕訣
將直筒狀的外型垂直切下，直接享用。加上馬斯卡彭起司或打發的鮮奶油一起品嘗更是美味，也很適合搭配白酒。

保存方法
常溫保存。藉由Panettone菌種的長時間熟成，而能拉長保存期限至數個月。

裸麥混和麵包

滿溢裸麥香氣的酸麵包

產於德國北部，使用裸麥粉製作的麵包。原文為「Mischbrot」，「Misch」意指「混和」，而「brot」為「麵包」的意思，將裸麥搭配各式各樣的小麥粉混和烘烤，根據混和比率的不同可以享受不同的香氣。由於酵母與乳酸菌採用酸菌種來發酵，因此麵包的特徵是帶有些微酸味。

●主要原料
裸麥粉、小麥粉

●主要營養成分
醣類、蛋白質、脂質、鈉

●熱量
264kcal

●鹽分含量
1.2g

※裸麥麵包（裸麥粉50%）的數值

對身體的功效
給予滋養
增進食慾

食用祕訣
切薄片當吐司，或抹上奶油起司、夾入煙燻鮭魚再撒上香草做成德式三明治。與肝醬及藍起司也很合拍。

保存方法
常溫保存。

披薩

放上食材烤製 備受全世界喜愛的派

誕生於義大利拿波里，因為移民的帶入而廣為流傳於美國。小麥粉中加入水、鹽、酵母、橄欖油等揉捏發酵。將生麵團桿成圓扁狀，塗上番茄醬，疊上起司、蔬菜等各式各樣的食材，放入烤箱或專用的披薩烤窯中烘烤。

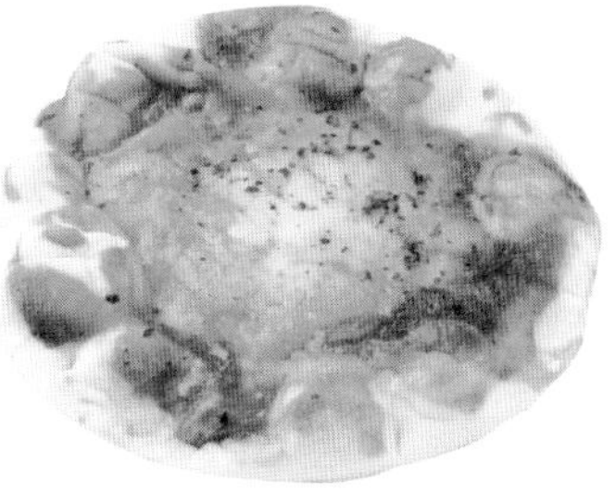

●**主要原料**
小麥粉、番茄醬、起司等

●**主要營養成分**
醣類、蛋白質、脂質、鈉

●**熱量**
268kcal

●**鹽分含量**
1.3g

※披薩餅皮的數值

對身體的功效

給予滋養
增進食慾

食用祕訣

將出爐的披薩呈放射狀分切食用為最普遍的吃法。放於生麵團的食材，起司、番茄、香腸、鮪魚、洋蔥等，可以自由搭配喜歡的食材。

保存方法

市面上販售的披薩置於冷凍或冷藏保存，等食用時再加熱。

貝果

生麵團煮過再烘焙 甜甜圈狀的麵包

十七世紀後半流傳於猶太人之間，後在美國發揚光大的麵包。烘焙前會將麵團燙煮過，小麥粉中的澱粉因而有所變化，產生Q彈的口感。雖然是低脂肪、低卡路里，卻有非常紮實的口感。

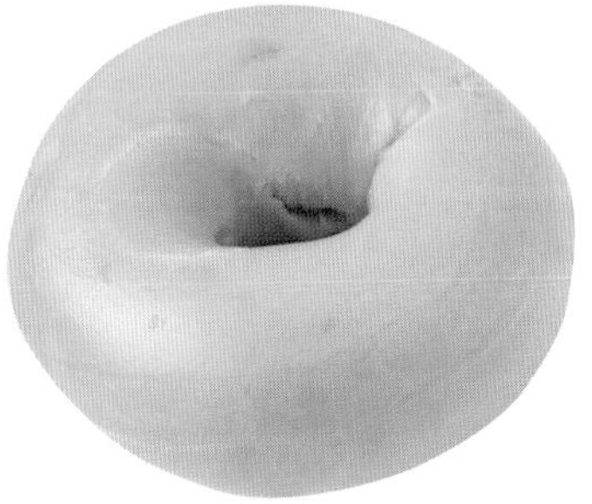

●**主要原料**
小麥粉

●**主要營養成分**
—

●**熱量**
—

●**鹽分含量**
—

對身體的功效

給予滋養
增進食慾

食用祕訣

食用前再次加熱吃起來更美味。橫向切半後，可以抹上奶油起司、夾入煙燻鮭魚或生火腿等。也很推薦在麵糰中加入肉桂、葡萄乾或芝麻一起混和揉捏。

保存方法

常溫保存，密封冷凍可保存約30天。

包子

在日本也非常常見 肉包、豆沙包

使用源自中國的老麵發酵小麥粉，在中間包入肉類、蔬菜或紅豆餡等，蒸製出的圓狀麵包。共存於麵糰中的乳酸菌能彰顯出小麥粉的味道。無內餡的類型則被稱為「饅頭」，作成卷狀的則稱「花卷」。

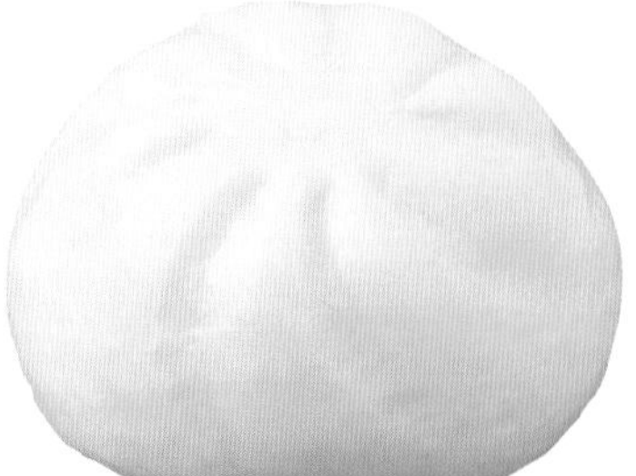

- **主要原料**
  小麥粉、豬肉、紅豆等
- **主要營養成分**
  醣類、蛋白質、脂質、鈉
- **熱量**
  251kcal
- **鹽分含量**
  0.9g

※肉包子的數值

對身體的功效

增進食慾

給予滋養

食用祕訣

蒸煮出爐時趁熱吃最美味。除了肉類或紅豆餡，也可以放入自己喜歡的食材。而沒有內餡的花卷或饅頭，則可以搭配湯品或配菜一起享用。

保存方法

冷凍或冷藏保存皆可。食用前需蒸過，或是用微波爐加熱。

饢（印度烤餅）

用爐灶的牆壁烘烤 熱呼呼趁熱吃

常見於印度料理，發酵過的薄扁狀烤麵包。除了扁平狀或球狀，還有各式各樣的形狀。將水和小麥粉混合靜置一晚，再將發酵的「麵糰」推開至薄狀，於高溫的爐灶中一鼓作氣貼於內側牆面進行烘烤。以印度為首，巴基斯坦及伊朗等也會於日常中食用。

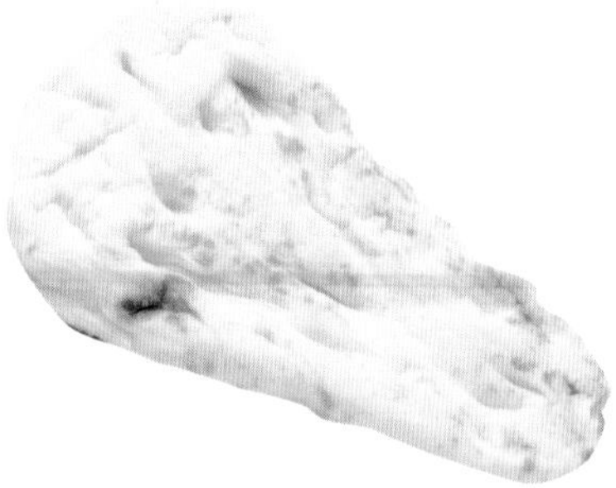

- **主要原料**
  小麥粉
- **主要營養成分**
  醣類、蛋白質、脂質、鈉
- **熱量**
  262kcal
- **鹽分含量**
  1.3g

對身體的功效

增進食慾

給予滋養

食用祕訣

最推薦剛出爐就趁熱享用。也可以撕成塊狀夾著咖哩或燉煮料理作餡，又或是沾著湯汁品嘗。簡單加入起司品嘗也很好吃。

保存方法

冷藏或冷凍保存皆可，在食用前用烤箱加熱。

奇特的麵包夥伴

**說到「塗在麵包上的東西」，
首先浮現腦海的就是奶油或果醬，
在英國，有一種搭配麵包的東西
是在日本幾乎看不見的。
在此介紹這個
誕生於啤酒酵母的「馬麥醬」。**

誕生於啤酒酵母
膏狀的發酵食品

「馬麥醬（Marmite）」在英國或是紐西蘭、澳洲極為盛行，是一種塗在麵包上食用的發酵食品。呈又黑又黏的膏狀，鹹味重，還具有獨特氣味。

其製作的主原料為，啤酒的釀製過程中最後沉澱堆積的啤酒酵母（也就是啤酒的酒粕）。在十九世紀後半，由德國的科學家將酵母濃縮，成功做出維持著植物性，但又有著肉類萃取物風味的濃稠醬。其後，於1902年，英國將從啤酒酵母提煉出的食品，製成馬麥醬後進行商品化。啤酒酵母中以維生素B群為首，含有多種的營養源，因此馬麥醬作為營養豐富的食品，曾活躍於醫院及軍隊中。

馬麥醬普遍塗於吐司或蘇打餅乾食用，也可以當作湯品或燉煮料理的調味料。只不過由於其風味特殊，請於使用前確認大家的接受度。

發酵茶

分成經由酵素改變成分的「半發酵茶」加入黴菌及細菌參與的「微生物發酵茶」

茶可以分為「未發酵茶」、「半發酵茶」及「發酵茶」三種。未發酵茶指的就是完全不經過發酵的茶品，如綠茶及香草茶。

半發酵茶則是藉由茶葉天然的酵素，在稍微發酵的時候就透過釜炒讓酵素失去作用。知名的茶品為烏龍茶，用餐時飲用能有抑制脂質吸效的效用。另一方面，發酵茶又可以再分為「酵素發酵茶」及「微生物發酵茶」。酵素發酵茶的代表為紅茶。相同於半發酵茶，由茶葉所持有的酵素產生類似發酵的作用，但不同於半發酵茶會經過釜炒，發酵茶不會移除酵素的作用。即使製成商品，酵素作用依然一點一點地進行中，通往熟成。

接下來將介紹加入黴菌及乳酸菌等製作的微生物發酵茶。一起來確認微生物發酵茶到底是什麼樣的東西吧。

茶品的種類

- 不發酵茶 — 綠茶、香草茶
- 半發酵茶 — 烏龍茶
- 發酵茶
  - 酵素發酵茶：紅茶
  - 微生物發酵茶：普洱茶

碁石茶

●主要原料
茶葉
●主要營養成分
—
●熱量
—
●鹽分含量
—

對身體的功效
抗老化
提升免疫力
放鬆身心
整治腸胃

食用祕訣
用煮的方式飲用時，先用中火煮約10分鐘後，再靜置燜蒸個3分鐘就是最好喝的程度。加入蜂蜜、砂糖、鹽、梅干等品嘗，或是使用於製作茶泡飯也都很推薦。

保存方法
置於陰暗處可保存一年以上。

依照祕傳的製法製作夢幻的發酵茶

碁石茶為日本少數現存的微生物發酵茶之一，為四國地區高知縣長岡郡大豐町的特產品。

首先將自然生長於山間地的茶葉放入蒸桶中蒸過後，鋪開於草蓆上，再蓋上草蓆進行有氧發酵。將附著上黴菌的茶葉淋上殘存於蒸釜中的茶汁進行釀製，再壓上重石靜置，進行厭氧發酵（乳酸發酵），最後用陽光直射曬乾就完成了。並非讓茶葉自然發酵，而是像醃漬物般的作法強制茶葉發酵，帶有酸甜的香氣與獨特的風味、單寧含量少、乳酸菌含量多為其特徵。而「碁石茶」這個有趣的名子由來是因為將茶葉從醃漬桶中取出後，會分切成3～4公分的方塊狀進行乾燥的模樣，看起來就宛如將圍棋（碁石）鋪開的樣子。現在只有少數的農家有在生產，各自有祕傳的獨家製法，因此又被稱作「夢幻的茶」。

阿波番茶

宛如醃漬物般香氣酸甜的茶

●主要原料
茶葉
●主要營養成分
—
●熱量
—
●鹽分含量
—

對身體的功效

抗老化
提升免疫力
放鬆身心

食用祕訣

於茶壺中煮沸水後，放入一小撮的茶葉，並再次煮沸，呈現明亮黃色後就是最佳品嘗時機。另外，將冷卻的茶重新加熱，會變得苦澀，請多加留意。

保存方法

密封置於陰暗處可保存1年以上。

於日本德島縣那賀郡那賀町或同縣的勝浦郡上勝町等地所製作的乳酸發酵茶。由於使用的茶葉及製法都不同於一般的「番茶」，因此最近通常會表示為阿波「晚茶」。據稱其製作起源自弘法大師時代，歷史非常悠久，當地的官方說法為「阿波番茶是弘法大師為了建寺廟而前來巡查時，發現當地自然生長的山茶，並傳授其製茶法。」

其特徵如同四國的碁石茶，因其獨特製法應該將阿波番茶稱為「茶的醃漬物」、「茶的優格」。將七月中旬採收的茶葉煮沸冷卻後，放入大桶子中醃漬三周進行乳酸發酵，最後再日曬乾燥即完成。因只透過人手細心製作，所以產量很少，可以說是高價值的稀少茶品。

兒茶素及咖啡因的含量低，因此不太具有苦澀味，帶來鮮美味的麩胺酸及天門冬胺酸的含量豐富，因此有著異於普通茶品的酸甜味道與香氣。

富山黑茶

用茶刷起泡飲用罕見的發酵茶

●主要原料
茶葉
●主要營養成分
—
●熱量
—
●鹽分含量
—

對身體的功效
放鬆身心

食用祕訣
將茶壺中煮沸的富山黑茶倒入茶碗中，以夫婦茶刷刷至起泡後飲用。當然不經起泡也可以飲用，冷卻後更添風味。

保存方法
置於陰暗處可保存一年以上。

於日本北陸地區自古流傳下來的富山黑茶，也被稱作「バタバタ茶（BATABATA茶）」。其名源自於飲用的方式：將煮好的茶湯倒入茶碗中，用茶刷攪拌起泡後再飲用，攪拌時發出「バタバタ（BATABATA）」的清脆聲音，據說因此得名。與高知的「碁石茶」及德島的「阿波番茶」同樣具有悠久歷史，目前仍不清楚其發祥由來，但有學者主張「應該是繩文時代由中國傳入」。

其製作方法與碁石茶及阿波番茶幾乎相同。將蒸過的茶葉鋪平於草蓆上降至常溫後，用腳踩踏至僵硬狀再存放於室內。為了促進發酵，每四天就翻面一次，為確保麴菌的存活，將室溫維持於65℃以下。經過十次的重複翻面後移到室外，再鋪平於草蓆上陰乾半天，最後再日曬三天使之充分乾燥即大功告成。

與阿波番茶相比，酸味較淡，因此更好入口，經由茶刷起泡後更具有溫醇的風味。

石鎚黑茶

- 主要原料
  茶葉
- 主要營養成分
  —
- 熱量
  —
- 鹽分含量
  —

對身體的功效

抗老化

提升免疫力

放鬆身心

食用祕訣

在1公升沸騰的熱水中加入6公克的茶葉，待顏色變得比綠茶稍濃就是最佳的品嘗時間點。使用小茶壺沖泡的話，注入熱水後放入一小撮黑茶，待顏色滲出即可飲用。另外冷卻後也十分好喝。

保存方法

置於陰暗處可保存一年以上。

靈峰石鎚山所栽培
散發獨特的香氣及酸味

聳立於日本愛媛縣與高知縣境內的石鎚山，傳說為修驗道的始祖役小角或空海曾在此修行，現在則作為山岳信仰的對象備受尊敬。而位於這座山麓的愛媛縣西条市附近，自古製作著一種稱為「馬糞茶」或稱「腐敗茶」的發酵茶「石鎚黑茶」。

其製法與高知的「碁石茶」、德島的「阿波番茶」、富山的「富山黑茶」幾乎無異。首先將七月中旬時採收的成熟茶葉蒸過後，集結於桶中進行發酵，接著再加以輕搓揉使之再度發酵，最後於戶外乾燥即完成。發酵茶所特有的獨特香氣與清爽的酸味為其特徵。其中含有能助於放鬆的GABA成分，可以說是對身體有益的茶。

石鎚黑茶的生產製程相當費工，因此後繼者大量減少，現在則是靠著地區的民眾共同努力生產，是一種稀有的高價值發酵茶。為了將石鎚黑茶的文化傳承下去，也經常舉辦試飲活動等加以推廣。

普洱茶

- ●主要原料
  茶葉
- ●主要營養成分
  —
- ●熱量
  —
- ●鹽分含量
  —

對身體的功效

抗老化

放鬆身心

食用祕訣

通常以塊狀硬體的方式販售，因此需要先洗茶。將茶葉解體後放入茶壺中，注入熱水後隨即倒掉，此動作是為了去除掉灰塵。接著再次注入熱水，燜蒸1～2分鐘即可飲用。

保存方法

避開高溫多溼的環境可常溫保存一年以上。

備受遊牧民族喜愛 中國代表性的發酵茶

普洱茶為原產於中國雲南省西南部地區的發酵茶，屬於黑茶的一種。鄰近於雲南省附近的寮國、緬甸以及越南等地區人民經常飲用。由於能長期存放，也備受藏區及蒙古地區的遊牧民族喜愛，他們會在煮好的茶中加入奶油、鹽、馬奶或牛奶調製飲用。

因加熱而中止發酵的綠茶，利用菌黴使之再發酵：將蒸過的綠茶壓榨至像磚頭般堅硬，在儲藏的期間絲狀菌會進行繁殖而成為發酵茶。

發酵時由絲狀菌生成的酵素，不僅造就其獨特的風味，據說生成的有機酸有助於血液循環的效用，曾經作為「瘦身茶」備受關注。發酵完成後，隨著熟成的進展，商品的價值也隨之高漲，尤其是經過十年長期熟成的普洱茶，因數量非常稀少而極富價值，甚至有專人高價收購。

認識酒的分類

存在於世界各國的酒品依據製法的不同可以區分為三大種類

世界各國製造的各式各樣的酒品，可以依據其製造方法分為三大種類。

第一種為「釀造酒」，直接使用原料本身，經過糖化、發酵與過濾的過程製成的酒。日本酒、啤酒及葡萄酒皆屬於此類。

第二種為「蒸餾酒」，此為將釀造酒加以蒸餾所製成的酒，酒精濃度高於釀造酒，儲藏於木桶中進行熟成。威士忌、白蘭地、燒酎等皆為此一類型。

第三種為合成酒，也稱「再製酒」、「浸泡酒」，一般說的利口酒即屬這個類型。在釀造酒或蒸餾酒中，加入植物的根、花、果實等浸泡，使之沾染上顏色與香氣，接著再放入糖或酒精所製造出的酒品。最具代表的就是梅酒。

即使酒的製造方法及原料五花八門，但從發酵原料的過程中會生成乙醇是共通的結果，在日本的酒稅法中，只要酒精濃度超過1%的飲料即定義為酒類。

酒的分類

合成酒	蒸餾酒	釀造酒
梅酒、苦艾酒、櫻桃白蘭地、柑橘庫拉索、黑醋栗香甜酒、藥用酒等	燒酎、威士忌、白蘭地、伏特加、琴酒、蘭姆酒、龍舌蘭酒、白酒等	日本酒、啤酒、葡萄酒、馬格利、紹興酒等

日本酒

富含胺基酸的「百藥之長」

- **主要原料**
  米、麴
- **主要營養成分**
  維生素B_6、醣類
- **熱量**
  103kcal
- **鹽分含量**
  0g

※純米酒的數值

對身體的功效

提升代謝力
改善肌膚問題
預防斑點
抗老化
改善畏寒
放鬆身心

食用祕訣

「加熱喝美味、冰涼喝美味」為日本酒迷人的魅力。找出自己喜歡的飲用溫度，也可以加入冰塊品嘗。

保存方法

需避開陽光及高溫，置於陰涼處保存，用報紙將日本酒的瓶身包住，就能徹底阻隔日照光線。

在釀造酒的種類之中，全世界酒精濃度最高的就是日本酒。用米麴、酵母及蒸米等製作出酒母，進行酒精發酵製成酒醪後壓榨出的即為日本酒。藉由麴菌的繁殖，讓米本身留不住的胺基酸、維生素、肽等營養成分得以累積，適量飲用有益於健康。自古以來被當作「百藥之長」，備受日本人喜愛。在所有酒類之中，胺基酸的含量特別豐富，被認為具有美肌效果或預防阿茲海默症等。

Column 精米步合度愈低 日本酒就愈高級

日本酒根據原料及製造方法的不同，可以區分為「特定名稱酒」以及其他（普通酒）。「特定名稱酒」指的是本釀造酒、純米酒、特別純米酒、吟釀酒以及大吟釀酒。本釀造酒為精米步合70%以下的米為原料，添加釀造用酒精而製成。特別純米酒及吟釀酒使用精米步合60%以下的米為原料、大吟釀則是使用50%以下的米為原料。而在這之中不添加釀造酒精的種類，則可以在名稱中加上「純米」，如「純米吟釀」。純米酒無關乎精米步合率，泛指只用米與米麴製造的酒品。

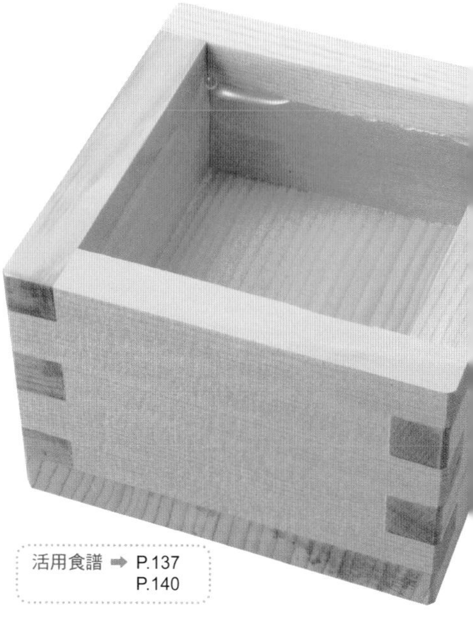

活用食譜 ➡ P.137 P.140

啤酒

●主要原料
麥芽、啤酒花

●主要營養成分
鉀、維生素B_6、
菸鹼酸

●熱量
40kcal

●鹽分含量
0g

※淡色啤酒的數值

對身體的功效

- 整治腸胃
- 利尿作用
- 放鬆身心

食用祕訣

溫度過低的話有可能會損失風味及香氣。春、夏、秋控制在4～6℃，冬天則是7～9℃為適溫。用玻璃杯飲用時，關鍵就是要慢慢注入起泡。泡體與液體的比率在3：7的時候更能讓美味加乘。

保存方法

避開陽光直射，置於陰涼處保存。

曾作為替代藥品使用 僅次於葡萄酒的古老酒

啤酒是將大麥發芽出的麥芽，經過糖化後藉由啤酒酵母進行酒精發酵，歷史僅次於葡萄酒的古老酒類。作為商業用途生產的啤酒為了增添其風味，大多會使用大麻屬的啤酒花等作為副原料。適度攝取有助於利尿作用及整腸作用，並且據說酵母及啤酒花的天然香氣有助於舒緩身心。在古代的埃及，曾將啤酒代替藥品使用，在明治初期的日本也是，藥鋪曾販售過啤酒。

Column 風味濃郁為特徵的「艾爾（Ale）」味道滑順的「拉格（Lager）」

啤酒可以大致區分為「艾爾」及「拉格」兩個種類。隨著發酵的進行，酵母會浮於上層，使用「上層發酵」釀造的啤酒即為艾爾，特徵是帶有濃郁的風味、複雜香氣以及豐富的水果香。使用沉澱於底部的「下層發酵」酵母所釀造的啤酒則是拉格，特徵是口味溫和滑順以及恰當的苦味。現在全世界的啤酒產量以拉格為大宗。除此之外，日本獨自發展出「發泡酒」，是一種降低麥芽的使用量，具有啤酒風味的酒品。

葡萄酒

含有大量多酚 人類首次製作的酒品

●主要原料
葡萄

●主要營養成分
鉀、維生素B_6

●熱量
73kcal

●鹽分含量
0g

※紅葡萄酒的數值

對身體的功效

降低癌症風險
預防骨質疏鬆
血液舒暢
抗老化

食用祕訣

飲用時會感到「好喝」的溫度，每一瓶酒都會有點差異。認識適飲的溫度，打造適飲的狀態非常重要。

保存方法

對於日照、震動、溫度、溼度非常敏感，因此請置於陰暗、平穩和適當溼度的環境中保存。

葡萄酒為將葡萄果汁進行酒精發酵的一種釀造酒，為人類歷史上首次製作的酒品，也是全世界最廣為飲用的酒品。其起源並不明確，但一般認為是於一萬年前左右，在現今東歐的喬治亞周邊所製作。在葡萄酒中，尤其是紅酒含有大量營養素，有助於防止動脈硬化、腦梗塞的抗氧化作用，以及提升內臟促進作用的白藜蘆醇等多酚，酌量攝取的話，一般認為也具有抗老化的功效。

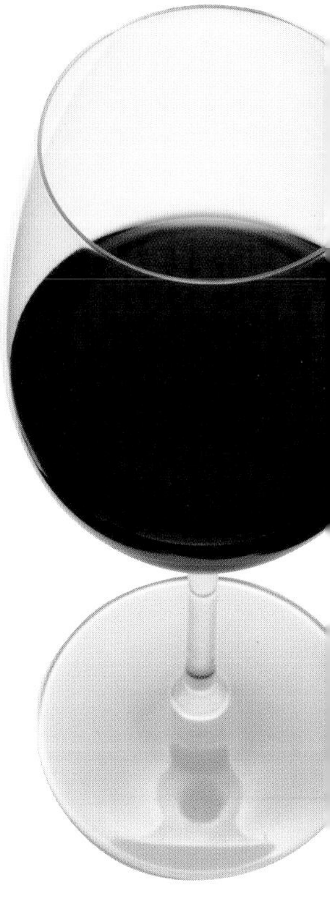

Column 發泡、非發泡、加入白蘭地 以多樣性為特徵的葡萄酒

根據色澤、發泡性、風味、製法、產地、等級、葡萄品種等的不同，葡萄酒可以細分為很多種類，而以製法及原料的不同可以大致區分為「靜態酒」、「氣泡酒」、「加烈酒」、「加味酒」。靜態酒為大家熟悉的紅、白、粉紅酒等的非發泡性葡萄酒。氣泡酒為灌入碳酸氣體的發泡性葡萄酒。加烈酒為將白蘭地等烈酒在靜態酒的發酵過程中或發酵後加入製成。加味酒為在靜態酒中加入香草或蜂蜜等製成。

馬格利

帶點些微刺激性 韓國受歡迎的國民酒

●主要原料
米

●主要營養成分
—

●熱量
—

●鹽分含量
—

對身體的功效

- 整治腸胃
- 改善肌膚問題
- 給予身體滋養
- 放鬆身心

食用祕訣

將冰鎮的酒均勻搖晃後飲用為普遍喝法。與「海鮮煎餅」非常合拍，為韓國的居酒屋及小吃攤的招牌組合。另外也與韓國泡菜等風味強烈的食物很對味。

保存方法

避開高溫多溼，置於陰涼處保存。

主要以米進行酒精發酵的朝鮮半島的傳統釀造酒之一的馬格利，酒精濃度約在6～8%，相較於同樣以米為原料製作的日本酒的濃度低，特徵為顏色呈白濁狀。經由乳酸發酵產生的甜味及酸味，又帶點刺激的口感，是在日本也備受歡迎的韓國國民酒。

以米及小麥麴釀造的酒分為上層清澈與下層混濁的部分，直接取「mak（粗淺）」+「gelli（過濾）」為馬格利的名字由來，如同乳酸菌飲料般的濁白外表因此又被稱為「濁酒」，另外，在古時候的朝鮮，農民在進行農作的時候會飲用馬格利來代替水，因此也被稱為「農酒」。由於沉澱物及清澈部分會分離，請充分搖晃後再飲用。

馬格利所含有的乳酸菌能幫助整治腸道環境，並促進身體排出老廢物質。其含有的阿魏酸為多酚的一種，能幫助打造美肌。而酵母中的榖胱甘肽，也被指稱具有改善肝機能的作用。

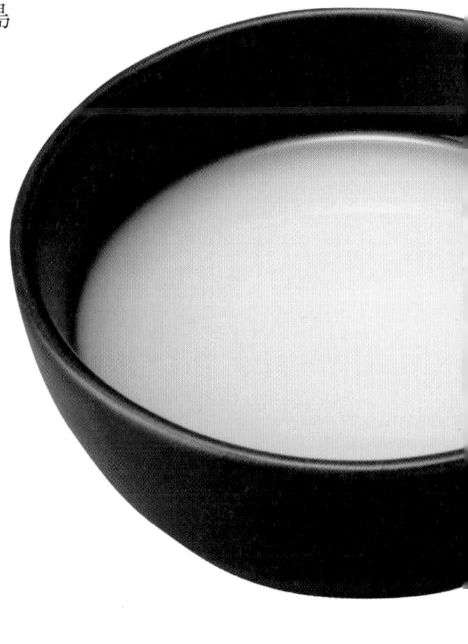

燒酎

廣為熟知的擴張血管作用蒸餾酒的日本代表

●主要原料
米、麥、蕎麥、番薯、馬鈴薯等

●主要營養成分
—

●熱量
206kacl

●鹽分含量
0g（推測值）

※連續式蒸餾燒酎的數值

對身體的功效

促進血液循環

放鬆身心

食用祕訣

酒精濃度較低的燒酎可以直接飲用，或是加入冰塊。酒精濃度低但具有濃厚風味及香氣的種類則加水稀釋，酒精濃度高的燒酎，則推薦加水、熱水或茶品稀釋調製後品嘗。

保存方法

避開高溫多溼，置於陰涼處保存。

燒酎為將米、麥、蕎麥、番薯、馬鈴薯等以米麴進行糖化、發酵後，進行蒸餾的高酒精濃度的酒品，相當於英國的「威士忌」、法國的「干邑白蘭地」的日本代表性蒸餾酒。雖然起源不明，但其中一個有力的說法為，約於五百年前由暹羅（現在的泰國）經由琉球傳入日本。與其他多數的酒相同，酌量攝取的話被認為有助於提高健康效果，尤其是藉由擴張血管的作用，被認為具有預防心肌梗塞等的效用。

Column 使用燒酎的地區活性化 刺激景氣的燒酎市場

燒酎可以大致區分為「甲類」與「乙類」。甲類為使用「連續式蒸餾」製作出酒精濃度低於36%的燒酎：於蒸餾器中生成高濃度的乙醇再加水製作。經歷多次的反覆蒸餾，能製作出純度更高的酒精。乙類為使用「單式蒸餾」製作出酒精濃度低於45%的燒酎，由於進行一次蒸餾，以此能保留原料天然的風味。最近以使用紫蘇製作的燒酎為首，出現不少過往沒有使用過的原料製作，並因此刺激了地域與相關市場。

威士忌

鍊金術師所研究出
閃耀著琥珀色的生命之水

- **主要原料**
  麥芽
- **主要營養成分**
  鈉、鉀
- **熱量**
  237kacl
- **鹽分含量**
  0g

對身體的功效

促進血液循環

放鬆身心

食用祕訣

可以直接飲用、加水稀釋或是加入冰塊等，也可以用於調製雞尾酒。

保存方法

避開陽光直射處，置於常溫保存。也不能放置在太低處，可能會因此影響其味道及香氣。

威士忌是將大麥、裸麥等穀物以麥芽的酵素進行糖化發酵後，再蒸餾過儲藏於木桶中的製品。輝煌的琥珀色與獨特的煙燻風味為其特徵。

最具說服力的說法是來自中世紀的愛爾蘭，由擅長蒸餾技術的中世紀的鍊金術師所製作，取名為「生命之水（uisge beatha）」，他們暗自享受其中的祕密並傳入蘇格蘭，發展成現在的威士忌。

Column 依據不同產地及原料展現相異個性 日本產的威士忌也備受世界認可

威士忌依照原料、製法及產地的不同，存在著各式各樣的種類，每一種都有其獨特的個性，被稱為世界五大威士忌產區的為「蘇格蘭」、「愛爾蘭」、「加拿大」、「美國」、「日本」威士忌。

蘇格蘭帶有煙蒸麥芽所產生的煙燻風味、愛爾蘭經過三次蒸餾而帶有溫醇的味道、美國是使用玉米為原料製作、加拿大混和玉米及裸麥製作、日本以穩健的味道及香味為特徵。

白蘭地

●主要原料
葡萄

●主要營養成分
鈉、鉀、銅

●熱量
237kacl

●鹽分含量
0g

對身體的功效

促進血液循環

放鬆身心

食用祕訣

適當地提升溫度能彰顯其香氣，可以將手掌攤開包覆玻璃酒杯的底部搖晃，一邊用體溫加熱一邊飲用更為享受。若是放入冰塊，香氣就會變得不明顯。

保存方法

避開高溫多溼，直立瓶身並常溫保存。

路易十四的最愛「王侯之酒」

在日本的酒稅法中，經蒸餾過的果酒即定義為白蘭地，但最常見的認定為，以葡萄為原料製作的葡萄酒，經蒸餾後的製品即為白蘭地。酒精濃度約在40～50度，最具代表性的為法國「干邑白蘭地」及義大利「渣釀白蘭地」。於十三世紀的南法，由鍊金術師將葡萄酒蒸餾後的成品被當作是白蘭地的起源，而大量生產則是到十七世紀才開始。接著在1713年，路易十四為了保護白蘭地而制定法律的舉動使其備受歐洲關注，從此確立了「王侯之酒」的地位。

Column 蘋果、李子、草莓等能享受多樣水果的白蘭地

白蘭地可以區分為二大類，以葡萄為原料的製品，和以其他水果為原料的製品。以葡萄為原料的製品就稱之為「白蘭地」，而以其他水果為原料的白蘭地，通常會冠上水果的名稱，如「蘋果白蘭地」、「櫻桃白蘭地」。說到以蘋果為原料製作的白蘭地，則會想到於法國諾曼第地區製作的「Calvados」；以櫻桃為原料的白蘭地，則以德國黑森林地區的「Kirschwasser」特別有名。

伏特加

- **主要原料**
  大麥、小麥、裸麥等穀物
- **主要營養成分**
  —
- **熱量**
  240kacl
- **鹽分含量**
  0g

對身體的功效

促進血液循環

放鬆身心

食用祕訣

透明無色又不會有特殊味道，最適合在炎熱的天氣冰鎮後直接飲用。將其與杯子先冷凍過後再飲用（凍飲），能變得更加順口。

保存方法

常溫、冷藏、冷凍等都可，由於酒精濃度高，即使放置於冷凍庫也不會結凍。

用白樺炭過濾 味道單純的酒

伏特加為製造於俄羅斯、東歐及北歐等地的一種蒸餾酒。原料為大麥、小麥、裸麥、馬鈴薯、玉米等穀物。

製法為先將原料以麥芽或酵素進行糖化、發酵，蒸餾出發酵液，再透過白樺木炭過濾就完成了。伏特加之所以能無色無味，就是因為用白樺炭過濾後的效果。酒緩慢通過白樺炭的過程中，酒中所含有的不純物質或味道，會被炭素牢牢地吸附走，而能製成無色透明又不帶有味道的成品。經過這樣製成而得的伏特加，其成分幾乎只有水以及乙醇，可以說是「乙醇水溶液」。

關於起源有二種說法，一種是誕生於十一世紀的波蘭，而另一種為誕生於十二世紀的俄羅斯。撇開這個不說，由於喝入就能溫暖身體，在俄羅斯或北歐等極寒地區，與其說是嗜好品，更可以稱之為生活的必需品。

琴酒

- **主要原料**
  大麥、裸麥、馬鈴薯等
- **主要營養成分**
  醣類
- **熱量**
  284kacl
- **鹽分含量**
  0g

對身體的功效

促進血液循環

放鬆身心

食用祕訣

風味強烈的荷蘭產琴酒，最適合直飲或加入冰塊品嘗。風味較淡的英國產琴酒，除了直飲、加冰塊，也可以作為「馬丁尼」調酒的基底。

保存方法

避開陽光直射與高溫多溼處，置於常溫保存。

醫學部所開發 原為藥物的酒

琴酒為以大麥、裸麥、馬鈴薯等為原料製造的無色透明的蒸餾酒。在製作過程中，將「杜松子」浸泡於酒精溶液中進行蒸餾，接著再加入植物性成分（botanical）增添香氣為其特徵。屬於較無特殊味道的一種蒸餾酒，不僅能直接飲用，也常作為雞尾酒的基酒。

起源於十七世紀的荷蘭。1660年時萊登大學醫學部的法蘭西斯．西爾維烏斯博士（Franciscus Sylvius），發表了將杜松的果實浸漬於乙醇的製品當作解熱劑、利尿劑，相當具有成效的成果為一切的開端。在當時，這項藥用酒被稱為「genievre」，流傳至英國後，一般認為因名子被誤傳而縮短成「Gin」。

琴酒在英國獲得廣大好評後，接著傳至美國，伴隨著雞尾酒熱潮，開始被廣泛飲用。基於這樣的故事，而有著這麼一句話：「由荷蘭人催生，經由英國人洗練，最後由美國人賦予光榮的酒」。

蘭姆酒

經歷「三角貿易」的甘蔗酒

- **主要原料**
  廢糖蜜
- **主要營養成分**
  碳水化合物、鈉
- **熱量**
  240kcal
- **鹽分含量**
  0g

對身體的功效

促進血液循環

放鬆身心

食用祕訣

蘭姆酒分成白、金、黑三種，白蘭姆酒的色澤多呈透明無色，直接喝稍具刺激性，較適合調製成雞尾酒。金、黑蘭姆酒則可直接品嘗。

保存方法

避開陽光直射與高溫多溼處，以常溫保存。

以從甘蔗汁中萃取出砂糖後殘餘的廢糖蜜加以發酵、蒸餾，儲藏於木桶中熟成製造出的酒即為蘭姆酒。牙買加、古巴、巴哈馬等位於加勒比海的島嶼為原產地。

加勒比海的甘蔗栽培歷史起源於哥倫布發現西印度群島之後。蘭姆酒生產於十六世紀，一般認為起始於波多黎各或巴貝多島。隨著甘蔗栽種地的擴大，萊姆酒的製作擴張到南北美洲，為補足栽種甘蔗的勞動力，歐洲人開始將非洲的黑人用船載往西印度群島。空出來的船就裝滿廢糖蜜運往美國的新英格蘭。而在此地製造出的蘭姆酒再用船運往非洲，作為換取黑人的交易，就像這樣，蘭姆酒作為「三角貿易」的一部分，發展成為世界知名的酒。

另外，蘭姆酒（Rum）的單字源於英國殖民地的記載：「喝了蘭姆酒的當地人民都變得非常興奮（rumbullion）。」

龍舌蘭

●主要原料
龍舌蘭

●主要營養成分
—

●熱量
—

●鹽分含量
—

對身體的功效

促進血液循環

放鬆身心

食用祕訣

在墨西哥，最原始的喝法是將萊姆咬一口後，趁著口中酸味漫溢時灌一口龍舌蘭，後來就變成了常見的混和萊姆與龍舌蘭的喝法。另外，萊姆也可以用檸檬做替代。

保存方法

避開陽光直射與高溫多溼處，以常溫保存。

世界遺產認證的製造地 像火一般熱情的酒

龍舌蘭製造於墨西哥哈利斯科州近郊的「Tequila」地區，屬於蒸餾酒，原料中使用一種稱為「龍舌蘭」的植物製作。

就像法國香檳區的「香檳」、法國干邑地區的「干邑」，以原產地作為稱呼而聞名全世界的Tequila，在此地區以外製作的龍舌蘭就不能稱做Tequila。

製作方法是先將去除葉子及根部後的稱為「Piña」的莖的部分，蒸煮48小時，使原料中的多醣體菊糖進行分解。之後再用石臼或機器粉碎，榨取龍舌蘭汁液。在這之中含有發酵性的果糖，用酵母進行發酵後，經過數次的蒸餾提高酒精濃度，最後再進行二年以上的熟成。如此被形容成「如火一般」熱情又刺激的酒便大功告成了。

生產地Tequila周邊，於2006年以「古代龍舌蘭產業設施及龍舌蘭景觀」為由，已登錄成為世界遺產。

中國的傳統酒 白酒

中國最具代表性的蒸餾酒「白酒」，
全世界僅有的透過「固體發酵」製成的酒。
製造時的副產物蒸餾粕，
被充分利用於作為食用豬肉的飼料。

震驚全世界特殊的發酵法

白酒為使用米、小麥、豆類、高粱（黍類的一種）製作，中國代表性的無色透明的蒸餾酒。全世界的酒都是放進釀酒槽、木桶等容器中，以液體狀的原料進行發酵製造，但唯獨這個白酒，是在土上挖掘一個大洞，將原料以固體狀的原貌進行發酵，稱為「固體發酵」的方法製作。其製法長久以來像謎一般被掩蓋，進入二十世紀後，其特殊的發酵法才傳開，震驚了全世界。

僅一次的蒸餾歷程 酒精濃度卻高達70度！

首先將原料的高粱及小麥等粉碎，蒸過後使之變得易於糖化。而在蒸煮前為了讓蒸氣更容易通過，會混和稻米殼及花生的殼，賦予溼氣。蒸煮過後冷卻，將麥搗碎成磚頭般的固狀，加入培育出根黴菌的中國麴，埋入土中進行發酵。發酵時間短則十天，長則一個月至一年

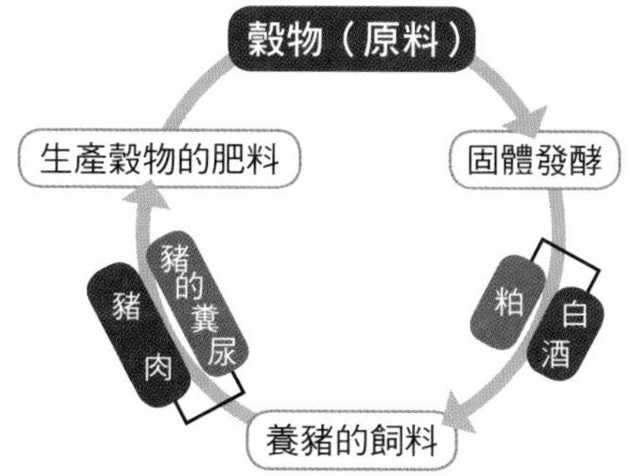

從固體發酵觀察中國「酒肉與穀物原料的生活循環」（小泉說）

左右。

發酵完成後就從洞穴中挖取出固體狀的發酵物，接著使用像是蒸籠般的蒸餾器進行蒸餾，就完成了白酒的製作。

無關乎即使只有進行一次蒸餾，白酒的酒精成分卻高達55～70％的高濃度。此為世界中酒精濃度最高的蒸餾酒之一。

白酒與豬肉生產的意外連結

其實這個白酒，意外地與中國餐桌上必備的「豬肉」的生產有著很大的關聯。中國的豬肉消費量非常龐大，以國家消費量來說位居世界第一。相對的，作為豬肉飼料的量也會非常壯觀，而作為其飼料之一的，就是生產白酒時的副產物蒸餾粕。

產於固體發酵的蒸餾粕，含有豐富的營養，有易於消化的吸收。而豬就是吃粕長大，最後變成白酒的配餚於餐桌登場。而在那之前，還可將豬的糞便灑於田中，作為培育白酒原料的肥料。

就像這樣，將穀物原料透過固體發酵的製程，在製造白酒的同時養育豬隻，為白酒的原料穀物施肥，可說是毫無浪費的理想循環。

甘酒

- **主要原料**
  米麴、米
- **主要營養成分**
  醣類、鈉、維生素B_1,B_2,B_6、葉酸、膳食纖維
- **熱量**
  81kcal
- **鹽分含量**
  0.2g

對身體的功效

- 改善肌膚問題
- 整治腸胃
- 預防貧血
- 去除疲勞

食用祕訣

加入薑汁的話，除了能和緩甘酒本身獨特的味道及氣味，也有助於改善畏寒性。與牛奶混和飲用，味道能進一步變得溫醇柔和。

保存方法

冷藏保存。隨著時間的推進，發酵也會隨之進展，增加酸味，盡可能趁早飲用完畢。

喝的點滴！天然的營養補品

甘酒可以分為「以米麴為原料的製品」及「以酒粕為原料的製品」二種，在這裡針對前者進行說明。

放入與炊煮的米飯同等量的米麴混和，放置約10～12小時進行糖化、發酵後，就製成了甘酒。由米麴製作成的甘酒含有維生素B_1、B_2、B_6、葉酸、膳食纖維、寡糖、精胺酸、麩醯胺酸等胺基酸、以及大量的葡萄糖。與醫院做為營養補給使用的點滴成分幾乎相同，因此又被稱作「喝的點滴」，像是天然補品的發酵甜味飲料。

Column 與日本的甘酒幾乎一模一樣！也會作為調味料使用的中國「酒釀」

中國也有著與日本甘酒幾乎一樣的食品，一種稱為「酒釀」的發酵食品。將蒸煮過的糯米加入米麴發酵，與甘酒一樣，液體中會殘存著米粒，帶有芳醇的甜味。與甘酒的不同之處在於，發酵後的酒精成分會殘留。

在中國除了直接品嘗，加入湯圓做成甜點也非常受歡迎。也可以當作調味料使用，如於乾燒蝦仁等有使用豆瓣醬的辣味料理中加入，能增添適度的風味及甜味。另外，使用於雞肉等燉煮物中能讓味道變得溫醇。

活用食譜 ➡ P.127
P.134
自製食譜 ➡ P.166

殘留著江戶印象的甘酒屋

**東京神田明神的門前豎立的「天野屋」，
於弘化三年（西元1846年）創業。
備受江戶百姓愛戴的名產「明神甘酒」，
如今也依然遵守著傳統製法，持續製作中。**

傳承至今的傳統「與富士山並肩的店」

現在主要於正月等寒冷時期飲用的甘酒，其實在江戶時代時，是作為防止夏日倦怠症的營養補品，夏天也經常飲用。「炎熱時期的江戶或大阪、京城的市中心出現了很多賣甘酒的店鋪。」，當時的風俗誌《守貞漫稿》中記載這麼一段。

將江戶時代的傳統傳承至今的店家，就是建立於東京神田明神的門前，創業於弘化三年（西元1846年）的「天野屋」。還被唱進江戶的歌中「與富士山並肩的甘酒屋」，在當時是極為知名的店鋪。甘酒、納豆、味噌，此三種發酵食品延續至今已經製造、販售將近一百七十年了。招牌商品「明神甘酒」，於創業時就有的地下土室製作米麴，再以之為原料製造。若是有經過神田明神的附近，不妨試試看由江戶時代同樣的場所、同樣製法製作的傳統甘酒。

（營）10:00～18:00（週日、國定假日～17:00）
（休）4～12月．每月的第一個周日、海之日、8月10～17日

可納入緊急糧食的
發酵食品

東日本大地震以來，大家對於緊急糧食的重視度逐漸升高。儲存著罐頭或即食食品的人似乎非常多，而能在緊急時刻派上用場的，則是能成為日常生活活力來源的食品。具有保存性與營養價值的優秀發酵食品，可以說是最適合的食品。

首先是納豆，具有豐富蛋白質、維生素及膳食礦物質的納豆，能在緊急時期幫助維持心靈及身體的健康。但是由於長期保存較困難，最好選擇「乾燥納豆」。其製法非常簡單，將青紫蘇（10片）於室外曝曬，乾燥後磨成粉狀。再加入鹽（2～3小匙）、太白粉（1小匙）和納豆（10包）攪拌混和，接著薄鋪於盤子上日曬4～5天。完全乾燥後撒上太白粉（1小匙），放入夾鏈袋等密閉袋中即能保存一年。

接下來是鰹魚乾。蛋白質及鮮美味成分滿溢的鰹魚乾，極富有營養。也能夠長時間保存，最適合作為緊急糧食。其他還有即席味噌湯、醃漬物、韓國泡菜、乾麵包、起司、甘酒等也都很推薦。

第3章

發酵食品・活用食譜

「對身體有益」&「對生活有幫助」

※普遍來說，食品的作用會因個人的體質及身體狀況而有所不同。

對身體有益的食譜

能夠配合當時的心情、與身體的小問題，
加以選擇發酵的食品並運用，就是出色的發酵食品專家。
在此介紹簡單美味的「處方食譜」。
※卡路里及鹽分為1人份的數值。

喚醒昏昧的早晨

味噌

養成每天一碗味噌湯的習慣

赤味噌蛋花湯

味噌含有蛋白質、必需胺基酸、維生素B群等豐富的營養素。特別是赤味噌具有促進代謝的功效，且其抗氧化成分能防止因紫外線生成的淡斑或雀斑，非常適合在早晨食用。

添加豐富的配料來開啟活力的一天吧！如助於消除疲勞、血液循環的蔥、能溫暖身體的韭菜、與味噌同為大豆食品的豆腐，以及營養豐富的蛋，一碗味噌湯便包含各種所需的營養。在忙碌的早晨，蔬菜可使用手邊既有的，隨手加入煮熟即是一碗美味又健康的味噌湯。

104kcal／鹽分2.0g

〔食材〕2碗

木棉豆腐	¼塊
長蔥	⅓根
韭菜	10g
蛋	1個
高湯	400ml
赤味噌	30g

〔作法〕

1.將豆腐切成2cm的塊狀、長蔥以1cm的寬度切段、韭菜切成3cm的長度。

2.鍋中放入高湯，沸騰後加入豆腐、韭菜、長蔥再一次煮滾。

3.加入味噌融化，以及環狀倒入打散的蛋。

迅速補充能量！

甘酒

蘋果甘酒
酪梨牛奶甘酒
茉莉花甘酒

由粥及米麴製作的甘酒，富含作為能量來源的葡萄糖、必需胺基酸以及對健康不可欠缺的維生素B群，真的是完美的營養飲品。在一天的開始喝下甘酒，能促進腦部活化，瞬間充飽電量，提升動力及專注力。

甘酒可與抗氧化的蘋果、高度營養價值的酪梨以及飄散清雅香氣的茉莉花茶等自由搭配。配合當天的心情調製一杯專屬於自己的活力補給品吧。

83kacl／鹽分0.2g

蘋果甘酒（照片前方）

〔食材〕2杯

蘋果汁……………………100ml
甘酒………………………150ml
蘋果切片……………………4片

〔作法〕

1.將蘋果汁及甘酒用攪拌機混和至柔滑狀。

2.注入玻璃杯中並讓蘋果片浮於上方。

168kcal／鹽分0.2g

酪梨牛奶甘酒（照片中央）

〔食材〕2杯

酪梨……………………½個
牛奶……………………100ml
甘酒……………………100ml
檸檬汁…………………1小匙
蜂蜜……………………2小匙
切片檸檬…………………2片

〔作法〕

1.將酪梨、牛奶、甘酒、檸檬汁、蜂蜜一同放入攪拌機混和至柔滑狀。

2.注入玻璃杯中，裝飾上切片檸檬。

61kcal／鹽分0.2g

茉莉甘酒（照片後方）

〔食材〕2杯

茉莉茶……………………100ml
甘酒………………………150ml

〔作法〕

1.將茉莉茶與甘酒用攪拌機混和至柔滑狀。

2.注入玻璃杯中。

變化

大家都喜歡！在香蕉牛奶中加入甘酒

具有高度營養價值的香蕉也很適合當作早餐，還有助於消化吸收。將酪梨牛奶甘酒中的酪梨以香蕉替代，即是一杯香濃的香蕉牛奶甘酒。

療癒疲憊的夜晚

味噌

對自己說聲辛苦了！利用GABA效果消除壓力

白味噌番茄湯

最適合早上的是赤味噌，那麼晚上就該來享用白味噌的風味！白味噌所含有的胺基酸具有放鬆的效果，能效除一天的疲勞與壓力。將白味噌與美奶滋混合後，用蔬菜棒沾取食用的吃法也很推薦。

另外，番茄、洋蔥具有消除疲勞的功效，加入味噌湯中不只讓味道富有層次，也可加強放鬆的效果。鉀含量豐富的海藻類，可以有效預防及消除浮腫，是最適合夜晚的食材。最後添加的豆苗，除了能改善便祕，還具有多種有益於女性的功效。在奔波一天的夜晚，懷著放鬆與感謝的心享用吧！

51kcal／鹽分2.1g

〔食材〕2杯

洋蔥	¼個
番茄（中）	½個
裙帶菜	5g
豆苗	5g
高湯	400ml
白味噌	30g

〔作法〕

1.將洋蔥縱切、番茄切塊。裙帶菜將鹽洗去後切成一口的大小。豆苗切除根部。

2.鍋中放入高湯煮沸後加入洋蔥。洋蔥煮熟後再放入裙帶菜、番茄，最後溶入味噌。

3.裝盤，最後再添加豆苗。

使用醋飲品消除疲勞

醋 葡萄柚與奇異果的沙瓦

醋不僅能消除疲勞，還具有促進血液循環的作用。因此使用醋調製的沙瓦，能夠療癒忙於工作、家事、育兒的身體，最適合在疲勞一整天的夜晚享用。

另外，葡萄柚及奇異果含有豐富的維生素C，有助於提亮暗沉的肌膚顏色。奇異果有助於蛋白質的分解，可預防胃的消化不良，是解油膩的好夥伴。沐浴後，想要涼爽一下可以喝一杯；或是想要溫暖身體就熱喝一杯。建議周末預作起來，置於冷藏當作常備品使用。

50kcal／鹽分──

〔食材〕12杯（1杯50ml）

洋葡萄柚……………………1個
奇異果………………………1個
冰糖………………………100g
蘋果醋或穀物醋…………200ml

〔作法〕

1.將葡萄柚的果肉取出、去除奇異果的皮並切成片狀

2.於容器中放入葡萄柚及奇異果，加入冰糖及醋，放置於常溫1週後，取出葡萄柚及奇異果。

3.將2的原液以水或碳酸水依照自己喜好的濃淡（通常為1：4）調製品嘗。

變化

醃漬各種水果
變化出新風味！

橘子及蘋果醋的搭配最合。另外，將醃漬過草莓的醋加牛奶調製，可以品嘗到不同於往常的草莓牛奶的美味。

溫暖寒冷的身體

泡菜豆腐

泡菜的辣度是身體問題的救世主

豬肉泡菜豆腐

已經成為日常基本款的泡菜，其含有的辣椒、薑、大蒜不僅能增進食慾，還能促進血液循環、刺激末梢神經溫暖身體。藉由血液循環的改善，肩膀僵硬及畏寒性也都能獲得改善。也有助於降低膽固醇及燃燒脂肪。

豬肉比起其他的肉品，富含大量的維生素B群，能有效消除疲勞及防止夏日倦怠症。「泡菜配豬肉」為提升能量的最強組合

366kcal／鹽分2.0g

〔食材〕2人份

木棉豆腐	1塊（300g）
長蔥	½根
豬肉片	100g
泡菜	100g
芝麻油①	1小匙
芝麻油②	1小匙
醬油	2小匙
白芝麻	1小匙
豆苗	5g

〔作法〕

1.將豆腐均分為4等分或喜歡的大小後，用廚房紙巾擦掉水分。

2.將長蔥斜切段、豬肉片切成3cm寬、泡菜切成2cm寬

3.平底鍋中加熱芝麻油①後，將豆腐兩面煎至微焦後盛盤備用。

4.同一個平底鍋中再倒入芝麻油②拌炒長蔥。接著加入豬肉片拌炒、最後再放入泡菜拌炒。用醬油調味後灑上白芝麻。

5.在3的上面放4，最後添上豆苗。

重點

藉由泡菜的發酵
增添美味度

豆腐的水分要確實去除。使用發酵中的泡菜更能展現風味。還可以扮演調味料的角色，連汁都一起倒入使用吧。

調養腸胃

活用食譜

用鹽麴代替疲憊的身體幫助消化

鹽麴 鰹魚乾

高麗菜與豆腐的燉飯

當想要讓胃腸休息的時候，最推薦低脂肪、低刺激且水分含量多的菜單。加入蔬菜的燉飯就是理想的一道料理。

鹽麴具有幫助分解蛋白質、脂質、醣類的效用。進行消化及代謝的體內酵素，會隨著年齡減少，因此更要透過鹽麴幫助消化活動，減輕對身體的負擔。

高麗菜中含有維生素U，具有助於修復胃黏膜的效用，尤其是中間芯的部分含量特別多。藉由豆腐及豆漿充分攝取優質蛋白質，恢復體力！

156kcal／鹽分0.9g

〔食材〕4人份

米	½杯
大蒜	1瓣
橄欖油	1大匙
水	400ml
鹽麴	1½大匙
無調整豆漿	100ml
高麗菜	100g
木棉豆腐	½塊
鰹魚乾（削片）	1包（約2g）

〔作法〕

1.大蒜切末、高麗菜大致切段、豆腐切成2cm的塊狀。

2.平底鍋中放入橄欖油及大蒜拌炒至飄散出香氣，在加入米炒至半透明狀。

3.於2中加入水及鹽麴並蓋上蓋子，將米煮至軟爛。

4.3中放入高麗菜，待變軟後加入豆腐及豆漿稍微煮一下。

5.裝盤，並灑上鰹魚片點綴。

消除便祕

品嘗優格的新方法

優格　水果優格團子

便祕除了會導致肥胖，還是造成肩頸僵硬及腹痛的原因。整治腸道環境，目標打造無壓力的快便體質吧。

大家都知道優格有助於腸內的益生菌的作用。若是益生菌增加的話，就能活絡腸道效能，排便也能變得加通順。

另外，梅乾含有豐富的膳食纖維，具有活化腸道效能的作用。點綴上的水果也有助於美肌，讓整個人由內而外變得閃閃發光。

140kcal／鹽分——

〔食材〕4人份

草莓	4個
奇異果	1個
梅乾	4個
糯米粉	60g
原味優格（無糖）	60g
水	100ml
蜂蜜	2大匙
檸檬片	4片
熱水	600ml

〔作法〕

1.將草莓與奇異果分成4等分，梅乾對切。

2.糯米粉中加入優格混合揉捏，取一口大小的球狀並把中間壓凹。

3.將2放入煮沸的水中煮。待浮起後撈起，用冷水降溫。

4.混和水、蜂蜜、檸檬片作為糖漿。

5.碗中盛入丸子及水果裝飾，並淋上4。

變化

加入水果乾

水果乾含有膳食纖維等豐富的營養素。且咬起來有口感能得到飽足感。使用杏桃、芒果及無花果等都很不錯。

改善代謝

藉由鹽麴的鮮美讓蔬菜變得加倍好吃

鹽麴 鹽麴佐白菜豬肉捲

最近有點在意腹部……，每當這種時候，就想控制脂肪與醣類的攝取量。特別推薦低卡路里的白菜與蕈菇類。

味道清淡、難以得到滿足感的食材，就利用豬肉片及鹽麴等增加風味。肉類容易被認為是減肥大敵，但其實豬肉及鹽麴中含有的維生素B群，具有促進代謝的效用。這是一道調和番茄的酸味、白菜的甜味以及鹽麴的鮮美，具有高度滿足感的料理。

343kcal／鹽分2.6g

〔食材〕2人份

白菜…………………… ¼顆
鴻喜菇………………… ½包
金針菇………………… ½包
小番茄………………… 6顆
豬肉片………………… 150g
鹽麴…………………… 2大匙
水……………………… 100ml
黑胡椒………………… 少許

〔作法〕

1.一半的豬肉片夾入白菜的縫隙間，剩餘的豬肉片則將鴻喜菇、金針菇及小番茄捲起。

2.將1的白菜切成5cm的寬度，垂直放入鍋中。在白菜之間或中心放入鴻喜菇與番茄肉捲。

3.混和水及鹽麴並在2淋上一圈後，加蓋煮約10分鐘。

4.豬肉煮熟後再撒上黑胡椒。

消除浮腫

用甘酒做出溫醇柔雅的甜點

水果甘酒鬆餅

甘酒 發酵奶油

當有浮腫困擾時，就要控管鹽分，攝取含有負責調節體內水分的鉀，例如香蕉或豆漿等。鬆餅中加入甘酒，可使口感變得蓬鬆有彈性。將甘酒用於甜點的原料或調味料理中，可以呈現自然的甜味。

如果很講究發酵食品，可以使用發酵奶油。發酵奶油具有的獨特風味，能夠品嘗到更加高雅的美味。

290kcal／鹽分0.7g

〔食材〕4人份

鬆餅粉	150g
蛋	1個
無調整豆漿	100ml
甘酒	150g
沙拉油	1小匙
香蕉	1根
蘋果	½個
肉桂粉	少許
發酵奶油（普通奶油也可以）	少許
蜂蜜	2大匙
薄荷	適量

〔作法〕

1.將鬆餅粉、蛋、豆漿、甘酒一同放入碗中混合攪拌。

2.香蕉切塊、蘋果連皮一起切薄片。

3.加熱平底鍋與沙拉油，將1倒入成直徑10cm的圓，用小火慢煎。起泡後就翻至背面煎，接著盛盤。

4.3的平底鍋中放入發酵奶油，加入2輕微煎炒後淋上蜂蜜及肉桂粉。

5.在鬆餅上疊上4，最後用薄荷裝飾。

重點

輕微煎炒
使水果更香甜！

水果用奶油煎炒，透過加熱釋出甜味，再淋上蜂蜜與奶油，香甜更勝以往！

活絡肩膀

濃縮魷魚鮮美的奢華義大利麵

鹽辛 起司

鹽辛魷魚義大利麵

魷魚有益於血液循環、具有提高代謝的效用，再藉由鹽辛增添鮮美度，並提高營養價值。由於鹽辛的鹽分含量高，比起單吃更推薦當作食材使用。搭配鮮奶油、起司等風味濃厚的食材，相輔相成為一道奢華料理。

大蒜也具有促進血液循環的功效、而洋蔥具有消除疲勞的作用。加上完成後灑上的黑胡椒的辣味力量，讓身體從深層溫暖起來。

669kcal／鹽分4.0g

〔食材〕2人份

大蒜	1瓣
橄欖油①	1大匙
橄欖油②	少許
洋蔥	¼個
魷魚鹽辛	50g
菜豆	8根
鮮奶油	100ml
黑胡椒	少許
起司粉①	3大匙
起司粉②	適量
義大利麵	160g
鹽	1大匙
熱水	2L

〔作法〕

1.大蒜切末、菜豆切成5cm長、洋蔥縱向切片。

2.平底鍋中放入橄欖油①與大蒜拌炒至出現香氣，再加入洋蔥、菜豆，接著加入鹽辛魷魚、鮮奶油一起拌炒，用胡椒粉調味後加入起司粉①。

3.沸騰水中放入鹽與橄欖油②，煮義大利麵。

4.混和2與3，盛盤至器皿後再依個人喜好撒上起司粉②。

變化

運用當季的蔬菜做變化

當季的蔬菜營養最豐富！冬春可使用花椰菜替代，春夏則推薦蘆筍等。

※鹽分以麵吸取¼的水分為計算數值

重拾平滑美肌

結合蓮藕與雞肉的雙重能量來擊退肌膚的疲憊

醋
醬油

醬炒蓮藕雞

蓮藕中含有豐富的維生素C，能促進生成膠原蛋白。雞肉則對維護皮膚狀態具有效用，尤其是骨頭附近與皮的部分含有多量的膠原蛋白，有助於肌膚的新陳代謝。

調味使用的是以濃稠葡萄汁發酵製成的巴薩米克醋。其帶有的豐富果香的甜味及酸味，與蜂蜜調和恰到好處。並且含有大量具高度抗氧化作用的多酚，可以期待抗老化的效果。

228kcal／鹽分0.9g

〔食材〕4人份

雞胸肉	1片
鹽	少許
黑胡椒①	少許
黑胡椒②	少許
蜂蜜①	2小匙
蜂蜜②	½大匙
蓮藕	150g
菜豆	4根
大蒜	1瓣
橄欖油	1大匙
巴薩米克醋	1大匙
醬油	2小匙

〔作法〕

1.將雞胸肉切成一口大小，抹上鹽、黑胡椒①、蜂蜜①，靜置於冷藏30分鐘。

2.蓮藕去皮後，以1cm的寬度切成半月形。稍微過水去除掉髒污並擦乾。菜豆切成5cm的長度、大蒜切末。

3.平底鍋中放入橄欖油及大蒜炒至香氣飄散後，加入1。當雞肉周圍變白色後放入蓮藕拌炒至柔軟。接著加入菜豆、巴薩米克醋、醬油、蜂蜜②拌炒至焦糖色，最後再加上黑胡椒②調味即完成。

變化

以個性豐富的根菜類做變化

蓮藕的替代品可以選擇膳食纖維豐富的牛蒡、或能促進消化的蘿蔔。

找回亮麗秀髮

用優質的蛋白質打造健康的髮質

生火腿 日本酒 味噌

牡蠣菠菜火腿捲

頭髮的主要成分為蛋白質。蛋白質不足會損害頭髮的健康，也是造成白髮的原因。就用生火腿、味噌及牡蠣為身體補充優質的蛋白質。此外，生火腿的鹽味能引出牡蠣的最佳風味，除了當作配飯菜餚，與葡萄酒也非常合拍。

生火腿中有豐富的維生素B_2，能維持頭髮的健康，並且牡蠣中含有的亞鉛能促進新陳代謝，菠菜中的鐵分有助於血液的循環。每一項都是最適合打造健康頭皮與秀髮的食品。

108kcal／鹽分2.8g

〔食材〕2人份

白牡蠣（肉身）	8個		
水	200ml		
鹽①	1小匙	鹽②	1小撮
生火腿	8片	菠菜	½把
味噌	20g	日本酒	¼大匙
熱水	600g	檸檬	⅛個
橄欖油	1小匙		

〔作法〕

1. 水中倒入鹽①清洗牡蠣，再將多餘的水分擦拭掉。
2. 在熱水中加入鹽②並汆燙菠菜，取出至冷水中、去除多餘的水分後，切成5cm長。
3. 將味噌與日本酒混合。
4. 將牡蠣、菠菜及3鋪於生火腿中捲起。
5. 平底鍋中倒入橄欖油加熱，將4的開封口朝下一邊煎烤一邊轉動。
6. 盛盤於容器中，最後放上檸檬。

對生活有幫助的食譜

針對想要挑戰各種發酵食品菜單的人，
介紹會讓人驚呼「什麼！原來也可以這樣使用？」的食譜。
那麼，想好要從哪一道下手了嗎？

※卡路里及鹽分為1人份的數值。

獻給早起做便當的人

「想要製作充滿發酵食品的健康便當。」有這種想法的話，一定要立刻實行！

總是匆忙的早晨，要如何製作能有效發揮食材原味的發酵便當呢？我們可以利用鹽麴或酒粕來自由變化。只要在空閒的時間醃漬、放著儲存備用就很方便。

於是早上做便當時，只需要煎香腸、煎鮭魚、切蛋、放入醃漬蔬菜於便當中即可。而且由於食物已經十足的味道，所以不需要再另外準備調味料。看吧，真的不會很麻煩，就能做出色彩豐富、營養均衡的完美便當。

味噌 酒粕 味醂

早上只需要煎！

香煎香腸與鮭魚

323kcal／鹽分3.2g

〔食材〕4人份

香腸……………………………8根
鮭魚……………………………2塊
味噌……………………………50g
酒粕……………………………30g
味醂…………………………3大匙
沙拉油………………………1小匙

〔作法〕

1.在耐熱容器中放入弄碎的酒粕與味醂，鋪上保鮮膜用微波爐加熱1分鐘（500W）。攪拌混和至柔滑狀，再加入味噌。

2.將切成4等分的鮭魚及香腸放入1中浸漬，冷藏至少3天。

3.從2取出，去除掉味噌粕漬後，於平底鍋放入沙拉油加熱，以小火煎熟。

※所有的便當盒裝飾，都可放上汆燙過的花椰菜及萵苣葉。

鹽麴

早上只需要切！

鹽麴蛋

84kcal／鹽分1.4g

〔食材〕4人份

水煮蛋…………………………4顆
鹽麴…………………………2大匙

〔作法〕

水煮蛋剝除蛋殼後，放入塑膠袋中並塗上鹽麴，冷藏3～5天以上。

醋

早上只要裝入！

醋漬彩椒紅蘿蔔

2.5kcal／鹽分0.7g

〔食材〕2人份

彩椒（紅、黃）……… 各⅛個
紅蘿蔔…………………………50g
A ┌米醋 ………………2小匙
　│砂糖 ………………1小匙
　└鹽 ………………¼小匙

〔作法〕

1.彩椒隨意切、紅蘿蔔切成柱狀。

2.A與1混和後，夏天置於冷藏、冬天則置於常溫放置至少10分鐘。

獻給經常很晚吃晚餐的人

日本酒
魚露
鹽麴

魚露的香氣勾起食慾

越式冬粉

遲來的晚餐總會令人特別在意卡路里，但如果是冬粉，不僅能安心享用，也不會對腸胃造成負擔。加上抹了鹽麴變得軟嫩的雞肉，也使這道料理更加容易消化。

濃厚的雞肉湯頭風味十足，麵條能充分吸取湯汁。以及關鍵角色魚露，其獨特的風味能刺激食慾。最後再加入紫洋蔥及香菜就是一道飄散著異國香氣的料理。

344kcal／鹽分4.3g

〔食材〕2人份

水……………………………1L
雞胸肉…………1片（約300g）
鹽麴……………………………1大匙
薑片（帶皮）………………2片
長蔥（綠色部分）…………1根
日本酒…………………………2大匙
冬粉……………………………50g
紫洋蔥…………………………¼個
紅辣椒…………………………1根
魚露……………………………2大匙
香菜……………………………2枝

〔作法〕

1. 將雞胸肉抹上鹽麴，放置於冷藏1小時以上。
2. 鍋中放入水、日本酒、薑片、長蔥、紅辣椒及1，一邊撈掉雜質一邊煮15分鐘以熬湯。取出雞胸肉、薑片、長蔥，並將雞肉切成易入口的大小。
3. 紫洋蔥薄切、香菜切段。
4. 將2的湯頭煮沸後加入冬粉，煮1分鐘後加入魚露調味。
5. 盛裝於容器中，放上雞肉、紫洋蔥、香菜。

變化

想追求道地的異國料理
就將麵換成河粉

河粉是以米製作的麵，非常滑溜順口。將Q彈的烏龍麵替換成河粉更有飽足感。試著吃吃看比較也是一種樂趣。

納豆 泡菜 醬油

任何料理都不想做的時候就決定是這個！

納豆泡菜丼

在累到不成人形，想要伸手拿泡麵果腹時，倒不如選擇這道料理。食譜僅三行字的超簡單菜單。

雖然沒有使用肉類或魚，但能從納豆中攝取優質的蛋白質。以及使用了大蒜與鹽辛等的泡菜風味十足。不論是淺漬、吃起來像沙拉般的泡菜，或是經過重發酵而帶有酸味的泡菜，都能呈現出獨特的風味。上層的溫泉蛋能緩和泡菜的辣度，再加上綿密黏稠狀的飯，這是一道會令人上癮的速食料理。

438kcal／鹽分2.2g

〔食材〕2人份

納豆……100g
泡菜……100g
溫泉蛋……2個
海苔……少許
醬油……2小匙
白飯……2碗

〔作法〕

容器中填入飯，疊上納豆、泡菜、溫泉蛋，再撒上海苔與淋上醬油即完成。

「獻給討厭蔬菜的小朋友」

鹽麴

讓蔬菜的苦味與澀味變得柔和而易於入口

鹽麴涼拌彩椒

當小朋友說著：「我吃飽了。」盤中往往還是殘留著蔬菜，這時候正是展現鹽麴魔法的時機。新鮮的彩椒含有比柑橘類更多的維生素C，能有效強化免疫力、預防感冒，因此一定要讓它出現在基本菜單中。

小朋友之所以會討厭蔬菜，多數的原因是來自蔬菜獨特的苦味與澀味。所以我們不要以食材的天然風味決勝負，而要試著稍微改變其味道。藉由漬入鹽麴的步驟，能讓蔬菜的甜味增加、苦味變得柔和。

在引出果香味的彩椒中加入芝麻點綴，讓這道料理的色彩更鮮豔，勾起食慾。在煩惱蔬菜量不足時簡單就能製作也是其魅力之一。

21kcal／鹽分0.5g

〔食材〕2人份

彩椒（紅、黃）……… 各¼個

鹽麴………………………1小匙

白芝麻………………… ¼小匙

〔作法〕

1.將彩椒細切成5mm寬度。

2.將1與鹽麴混和，夏天置於冷藏，冬天則以常溫放置至少10分鐘。

3.盛裝至容器中，撒上白芝麻。

變化

小朋友討厭的蔬菜
與鹽麴的相合性非常出色

除了彩椒，也可以使用芹菜或苦瓜。具有強烈苦味、特別受小朋友討厭的蔬菜，用這個方式料理或許就能克服，願意大口享用。

細微的調味就交給鹽麴

鹽麴 鹽麴蔥雞

「不要光吃肉，蔥也要吃下去。」這是一道不需要耳提面命，就能將肉與蔥一起一口接一口吃下肚的滋補料理，小孩一定會喜歡。

具有消除疲勞及緩和壓力效用的長蔥，就用鹽麴抑制其苦味。重點是經過燉煮，更能提升其甜味。

在料理中使用鹽麴的優點是，單靠鹽麴就能完成調味。香味四溢的大蒜、黑胡椒及鹽麴，光是這樣就能製作出豐富的味道。

394kcal／鹽分1.8g

〔食材〕2人份

雞胸肉…………1片（約300g）
鹽麴①………1大匙 長蔥…1根
大蒜……………………………1瓣
橄欖油………………………1大匙
水……………………………200ml
鹽麴②………………………1小匙
黑胡椒……………………… 少許
義大利巴西里…………… 少許

〔作法〕

1.雞肉切成一口大小，塗上鹽麴①，放置於冷藏1小時以上。
2.蔥切成3cm的筒狀、大蒜切末。
3.鍋中放入橄欖油與蒜末炒至香氣飄出，加入1與蔥繼續拌炒。
4.倒入水煮5分鐘，以鹽麴②及黑胡椒調味。
5.盛入容器中，撒上切碎的義大利巴西里。

獻給素食主義者

鹽麴

芳醇的鹽麴披薩就不需要起司！

鹽麴蓮藕披薩

總是令人在意卡路里的披薩，若是用鹽麴代替起司，就能盡情地吃。藉由鹽麴的風味與鹽味，燒烤出令人高度滿足地宴客披薩。

披薩餅皮除了自製之外，也可以選擇購買市售的。將洋蔥炒至焦糖色能讓甜味散發出來。薄切的蓮藕咬起來會發出清脆的聲音，要將水氣確實去除後再放上餅皮。烤至洋蔥末端稍微燒焦的程度、趁熱享用最美味！

320kcal／鹽分1.7g

〔食材〕

（2片直徑約20cm・4人份）

（麵糰）

	材料	份量
A	高筋麵粉	200g
A	乾酵母	1小匙
A	鹽	1小匙
A	蔗糖	1大匙
A	橄欖油	1大匙
A	溫水	100ml

（餡料）

- 洋蔥（大）……1個
- 橄欖油①……1大匙
- 鹽麴……2小匙
- 橄欖油②……2小匙
- 蓮藕……60g

〔作法〕

1. 盆中放入A用料理筷攪拌混和，變得纏黏後用手揉捏。
2. 將1放回盆中蓋上保鮮膜，待之發酵至2倍大的程度。
3. 洋蔥薄切片，加入橄欖油①拌炒至上色。蓮藕去皮後薄切成半月狀，稍微過水一下去除髒汙，再將水分擦乾。
4. 將2的披薩麵糰分為2分，各自用麵棍從球狀桿成直徑二十公分的圓狀。
5. 用叉子在4上開洞，毫無遺漏地全部塗上橄欖油②與鹽麴，再疊上3的洋蔥與蓮藕。
6. 放入預熱200℃的烤箱中，烤15分鐘。

變化

鹽麴X番茄
變身瑪格麗特風

將鹽麴與番茄搭配在一起，就能變身瑪格麗特風披薩。想吃起司披薩的時候，就用鹽麴代替起司。

熱呼呼的蔬菜酒粕湯

酒粕 鹽麴 醬油

酒粕濃湯

酒粕是決定味道好壞的關鍵，也是含有豐富醣類、蛋白質、維生素B群的理想營養食品。從濃湯中飄散出芳醇的酒香，刺激著食慾。將酒粕加入味噌湯也很美味。這次的料理稍微帶點歐美風。慢慢燉煮蔬菜及豆類，最後加上豆漿品嘗。

這道濃湯全部使用植物性食品，具有不會造成胃負擔的柔和味道。酒粕所特有的風味與濃醇，能夠溫暖身體。是在寒冷的日子吃到會備感開心的料理。

229kcal／鹽分0.9g

〔食材〕4人份

大蒜	1瓣
洋蔥(大)	1個
馬鈴薯(大)	1個
紅蘿蔔	½根(80g)
混和豆	1罐(120g)
花椰菜	1大匙
橄欖油	1大匙
水	400ml
月桂葉	1片
酒粕	60g
低筋麵粉	1大匙
原味豆漿	300ml
鹽麴	1大匙
醬油	1大匙
黑胡椒	少許

〔作法〕

1.將大蒜切末、洋蔥切成塊狀。馬鈴薯去皮後切成一口大小，稍微浸泡於水中後去除水分。紅蘿蔔厚切小塊狀、花椰菜分切成小朵。

2.鍋中放入橄欖油與蒜末，拌炒至飄出香氣，接著放入洋蔥、馬鈴薯、紅蘿蔔繼續拌炒。

3.於2中加入水及月桂葉煮5分鐘後，放入綜合豆及花椰菜再煮5分鐘。

4.將酒粕、低筋麵粉、原味豆漿用攪拌機打至糊狀後，放入3中煮5分鐘。用鹽麴及醬油調味，最後依個人喜好加上黑胡椒。

獻給喜愛居家品酒的人

「自家」居酒屋，最受歡迎的一道料理

鹽麴 味噌 味醂

味噌及鹽麴漬豆腐

今天想要獨自一人、與家人或是邀請朋友在家慢慢品酒時，下酒菜只有花生或洋芋片實在是有些寂寞。因此動手準備可以引以為傲的下酒菜料理，讓酒喝起來更加美味爽快。

將木棉豆腐塗上鹽麴或味噌靜置的話，就會變得像起司般的風味。特別是味噌漬豆腐，作為保存糧食流傳於日本熊本縣並具有悠久的歷史，現在則是各家庭都會的私房菜。事先用紗布包住豆腐，是為了省去做好時除掉味噌及鹽麴的時間。紗布也可以用廚房紙巾替代。在完成的鹽麴漬中撒上七味粉則能鎖住風味。

這項配菜與啤酒、日本酒、葡萄酒等各式各樣的酒都非常搭。另外，除了單吃豆腐，也可以放在蘇打餅或蘿蔔片上，用海苔捲起或當作沙拉的配料等，可盡情發揮創意自由變化。依照浸漬時間的不同會產生細微的差異，吃吃看比較也是一種樂趣。端出這道小菜來宴客，一定會被稱讚廚藝很好。「自家」居酒屋，今天就能開張！

92kcal／鹽分2.4g

〔食材〕4人份

- 木棉豆腐①……½塊
- 鹽麴……2大匙
- 木棉豆腐②……½塊
- 味噌……2大匙
- 味醂……1大匙
- 七味粉……少許

〔作法〕

1. 用紗布包起木棉豆腐①，整體塗上鹽麴，靜置於冷藏3～5天。
2. 同1，將木棉豆腐②用紗布包起，整體塗上味噌與味醂的混和物，靜置於冷藏3～5天
3. 將各自的紗布取下後，切片盛盤。並在鹽麴漬的豆腐撒上七味粉。

變化

只是弄碎就能快速變成調味料！

鹽麴漬及味噌漬兩者都能當作調味料活用。將各自崩解後混和芝麻粉，與汆燙的菠菜攪拌就能品嘗涼拌菜。

享受發酵食品
難以預測的變化

使用了發酵食品的料理、或自製發酵食品，
有時會出現意想不到的結果
到底會發生哪些事呢，一起來確認。

鹽麴加入馬鈴薯沙拉 一段時間後，馬鈴薯變得像泥一樣！

鹽麴含有會分解澱粉的澱粉酶，因此馬鈴薯與鹽麴混和一段時間後，酵素會將澱粉分解，使之成黏稠狀。建議於要吃之前再加入，或是加入後馬上加熱。這同樣也會發生於飯糰、大阪燒、冬粉沙拉等，需要特別留意。

為了提味白醬而 使用味噌時，要先加熱再放入！

在焗烤或濃湯中使用的白醬中加入味噌，可以帶出濃郁並增添風味。但是在60℃以下的白醬中加入味噌，醬汁有可能會變得和緩、不夠濃稠。因此要先將味噌加熱後再加入醬汁中，或是加入後確實使之沸騰比較適當。

在沙瓦飲料中 加入牛奶 會凝固分離！

能消除疲勞的沙瓦飲料，與鈣含量豐富的牛奶，二種飲品組合在一起就是營養滿分的飲品，但是牛奶加入沙瓦的話會出現黏狀物。這是因為醋中的酸對於牛奶的蛋白質產生了凝固作用。一旦加熱會變得更加不均勻，因此飲用時請小心攪拌。

自製的發酵食品 發酵的狀況 難以確認！

手作優格或納豆，與市售商品的風味完全不同。而且即使完全依照食譜製作，還是會因為氣溫及溼度的微妙變化，導致成品每次都不同。這可以說是使用活性菌的困難處，相對也是其有趣的地方。累績多次的經驗，找出自己喜歡的味道吧。

第4章

發酵食品・自製食譜

變化方式自由自在！挑戰手作的味道

醬油

【材料】500ml

醬油麴………… 700g
鹽……………… 200g
水………………… 1L
燒酎等酒精濃度高的酒………… 適量

【用具】

- 保存容器（寶特瓶也可以）
- 盆子
- 布袋（厚的廚房紙巾也可以）
- 木杓
- 濾網
- 湯匙
- 廚房紙巾

※保存容器請先用廚房紙巾沾酒精擦拭消毒。

保存方法
冷藏保存，盡早使用完畢。

基本的製作方法

1 將鹽溶於水中

在保存容器中放入水與鹽並蓋上蓋子，晃動容器使鹽溶解。

▼

2 加入醬油麴

在1中加入醬油麴再蓋上蓋子，搖晃容器使之均勻混和。

▼

3 混和

自隔天起的一週內，每天都要用木杓攪拌一次，讓空氣進入。一週後，就改成每三天一次。

▼

4 發酵

二個月後，變成每十天開蓋一次混和，慢慢發泡發酵後，開蓋讓氣體流掉。五個月後起變成一個月混和一次。

▼

5 即將完成

六個月後，變成「醪」狀。

※步驟3～5皆為常溫存放。

6 搾取醬油

將內容物放入布袋中，濾網及盆子疊放，用木杓施壓輕輕搾取。

▼

【完　成】

直接由醬油醪搾取出，不經過加熱的「生醬油」，是自家製特有的貴重味道。

自製發酵食品×發酵食品食譜

醬油 × 醋

醬油薄漬小黃瓜

〔食材〕

小黃瓜………………… 3根
A
- 自製醬油…… 100ml
- 味醂………… 100ml
- 醋……………… 50ml
- 薑……………… 10g
- 紅辣椒………… 1根

〔作法〕

1.小黃瓜切成1cm寬的片狀、薑切絲。
2.將A放入鍋中加熱至沸騰，再放入小黃瓜。
3.不時攪拌靜放冷卻。

自製食譜

進階變化 ～使用完成品～

自製柚醋醬

〔食材〕

A
- 自製醬油……………………… 400ml
- 醋……………………………… 200ml
- 味醂…………………………… 100ml
- 昆布(約5cm四方) ……………… 1片
- 鰹魚乾（鰹魚片4g放入茶包袋）……… 1個

柚子……………………………… 2個

〔製法〕

1.將A放入保存容器中。

2.柚子對切一半擠出果汁、去籽。殘留的皮切成4等分。

3.在1中放入2的柚子果汁及果皮，置於常溫1週。

4.取出柚子皮、昆布、鰹魚包。冷藏靜置1週，讓味道變得更加圓融。

推薦的料理

豆腐沾柚醋醬

【食材】2人份

- 木棉豆腐……………………… ½塊
- 青蔥切小段…………………1大匙
- 自製柚醋醬…………………1大匙

【作法】

1.將豆腐盛盤於器皿中，放上青蔥。

2.品嘗前淋上自製的柚醋醬。

自製食譜

味噌

【食材】 2kg

大豆…………… 500g
米麴（生）…… 500g
鹽……………… 200g
鹽………………… 30g
水……………… 適量
燒酎等酒精濃度高的酒……………… 適量

【用具】

- 保存容器
- 鍋子
- 盆子
- 濾網
- 保鮮膜
- 食物處理機（磨缽）
- 重石（鹽袋等）
- 廚房紙巾等

※保存容器請先用廚房紙巾沾酒精擦拭消毒。

保存方法
於陰涼處存放。

基本的製作方法

1 將大豆煮熟

將清洗乾淨的大豆浸泡於水中一晚。將水倒掉，於鍋中注滿水並開大火。沸騰後轉小火，撈掉雜質。將大豆一直浸泡在水中補足水分，煮4～5小時，煮至手指能輕易捏破的程度。

▼

2 打成膏狀

大豆用濾網撈起，稍待冷卻至如人體溫度後用食物處理機打成膏狀。用磨缽搗碎也可以。煮大豆的湯汁留著備用。

▼

3 混和米麴與鹽

大碗中放入米麴與200g鹽，用手揉捏的方式均勻混和。

▼

4 加入大豆

將2加入3中混和。並加入稍早備用的大豆湯汁，一點一點的加入，調整成握拳時能從指縫流出的質地。

▼

5 放入保存容器中

在保存容器的底部均勻撒上15g鹽。將4的空氣去除做成味噌球，一邊壓扁一邊放入保存容器中，避免空氣混入，確實地填滿空隙。

▼

6 發酵

將表面鋪平後，撒上剩餘的鹽。為隔絕空氣，緊密包上保鮮膜，放上味噌的20％重量的重石。2個月後若出現黴菌則去除掉，均勻混和全體。包上保鮮膜，再放置2個月。

▼

【完　成】

自家特有的美味，能夠自己控管鹽分也是一大優點。

※步驟6，避開陽光直射處，於陰涼處保存。

進階變化 ～使用完成品～

萬能蜂蜜味噌

〔食材〕

自製味噌……………………………… 200g
蜂蜜……………………………………… 100g
薑………………………………………… 10g
白芝麻粉……………………………… 1大匙

〔製法〕

1.薑去皮、磨成泥。
2.味噌中加入1、蜂蜜及白芝麻粉攪拌混和。

推薦的料理

蒟蒻與蘿蔔與荷蘭豆的田樂料理

【食材】2人份

蒟蒻……………………………… ½塊
蘿蔔……………………………… 100g
荷蘭豆……………………………… 2個
萬能蜂蜜味噌…………………… 1大匙

【作法】

1.將蒟蒻切成一口大小，將切口處快速汆燙。蘿蔔切成一口大小，用水煮至軟爛。荷蘭豆抽絲後，於沸水中稍微煮過後，斜對切半分。
2.將1盛盤至容器中，沾取萬能蜂蜜味噌品嘗。

鹽麴

【材料】約500g

米麴（生）…… 200g
鹽……………………70g
水……… 250～270ml
熱水…………… 適量

【工具】

- 保存容器
- 碗盆
- 湯匙
- 鍋子

※保存容器用沸水消毒。

保存方法
置於冷藏可保存3～6個月。
冷凍保存也可以。

基本的製作方法

【完　成】

呈濃稠狀、飄散出米麴的香味即完成，可以享受到活麴的風味。

1 搓鬆米麴

於碗盆中放入米麴，用兩手搓揉。

2 融合麴與鹽

加入鹽，充分揉捏調和。飄散出麴的香氣，揉至緊握時會感到黏稠為止，使之完全融合。

3 做成牛奶狀

加入水，手掌以合掌方式搓揉調和至牛奶狀。

4 發酵

於保存容器中放入3，於常溫環境夏天放置5天、冬天約10天。每天用湯匙攪拌混和一次。

自製發酵食品×發酵食品食譜

鹽麴 × 優格

小黃瓜沙拉

〔材料〕

小黃瓜……………… 1根
洋蔥………………… ¼個
鹽…………………… 少許
金槍魚……… （小）1罐
A
- 原味優格（無糖）…… 3大匙
- 自製鹽麴…… 1小匙
- 蜂蜜………… 1小匙
- 黑胡椒………… 少許

〔作法〕

1.小黃瓜以5mm寬度切片，洋蔥縱向切片，塗上鹽去除掉多餘水分。
2.碗盆中放入A混和，再加入1及倒掉多餘油分的金槍魚罐一起混和。

進階變化　～使用完成品～

鹽麴番茄

〔食材〕

米麴………………………………… 200g

鹽…………………………………… 70g

番茄汁（無鹽）…………………… 250ml

〔製法〕

1.搓開米麴。

2.在1中加入鹽，充分揉捏調和。

3.將番茄汁加入2，用湯匙攪拌混和。

4.將3放入保存容器中，置於常溫一天

5.放入冷藏，靜置1週以上。

推薦的料理

鹽麴番茄與莫札瑞拉起司的卡布里沙拉風

【食材】2人份

莫札瑞拉起司…………… 1個(約100g)

鹽麴番茄…………………………2小匙

特級冷壓初榨橄欖油……………2小匙

貝比生菜…………………………10g

【作法】

1.將莫札瑞拉起司切片成適合入口的大小，排列於器皿上並用貝比生菜裝飾。

2.在1放上鹽麴番茄，最後淋上特級初榨橄欖油。

自製食譜

糠床

【食材】

醬炒米糠…………1kg
水………………… 1L
鹽……………… 100g
昆布（5cm四方） …1片
紅辣椒……………1根
殘餘蔬菜……… 適量
薑……………… 適宜
大蒜…………… 適宜
熱水…………… 適量

【用具】

- 保存容器
- 鍋子

※保存容器用沸水消毒。

保存方法
置於陰涼處保存。
夏天置於冷藏。

基本的製作方法

1 將鹽溶於水

鍋中放入水以及鹽，開火溶解、冷卻。

2 混和炒米糠

保存容器中放入炒米糠。將1分次酌量加入，混和揉捏至耳垂般的軟度。

3 加入昆布與紅辣椒

將昆布及紅辣椒埋入米糠中。依個人喜好，加入切片生薑或大蒜也很好吃。

4 進行三次丟棄醃漬

醃漬殘餘蔬菜，經過一天就取出丟棄的。這般的「丟棄醃漬」總共要進行三次，保存於常溫。

5 醃漬喜歡的蔬菜

放入喜歡的蔬菜進行醃漬。

【完　成】

每個家庭都有其獨自風味的糠床。透過每天攪拌的行為，慢慢培養出依戀。

自製發酵食品×發酵食品食譜

米糠漬 × 醬油

芝麻油炒米糠漬物

〔食材〕2人份

自製米糠漬物……… 100g
芝麻油…………… 1小匙
醬油………………… 少許
鰹魚乾（削薄片）… 適量

〔作法〕

1.將米糠漬物切成1cm的塊狀。
2.平底鍋中加熱芝麻油，加入1拌炒，再用醬油調味。
3.呈盤後灑上鰹魚片。

進階變化　～替換食材～

優格糠床

〔食材〕

炒米糠…………………………………… 250g

A
- 水…………………………………… 100ml
- 鹽…………………………………… 2大匙
- 原味優格（無糖）……………… 150g

〔製法〕

1.將A攪拌混和。

2.在1中加入炒米糠，混和攪拌至耳垂般柔軟。

3.靜置於常溫一天後，放入喜歡的蔬菜醃漬。由於優格比一般的糠床醃漬時間更加快速，一晚就能醃漬完成。

推薦的料理

優格米糠漬根莖蔬菜

【食材】便於製作的量

番薯…………………………………… ¼個

牛蒡…………………………………… ¼根

紅蘿蔔………………………………… ⅓根

優格糠床……………………………… 適量

【作法】

1.將番薯帶皮切成1cm寬的片狀，牛蒡刮除皮後切成5cm長並縱向分切成4塊，紅蘿蔔則是去皮後切成5mm後的半月形。

2.番薯及牛蒡在熱水中稍微汆燙2分鐘後取出，去除水氣。

3.在優格糠床中放入2及紅蘿蔔醃漬，放置一晚即可。

納豆

基本的製作方法

【食材】160g分量

小顆大豆…………80g
納豆菌………… 0.05g
沸騰熱水………2小匙
水……………… 適量
燒酎等酒精濃度高的酒……………… 適量

【用具】

- 保存容器（塑膠容器也可以）
- 壓力鍋或鍋子
- 濾網
- 小器皿
- 湯匙
- 廚房紙巾
- 保麗龍箱
- 暖暖包
- 厚毛巾
- 溫度計

※盆碗煮沸消毒，保存容器用酒精擦拭消毒。

保存方法
置於冷藏保存，4天內食用完畢。

1 蒸煮大豆

將清洗乾淨的大豆放入大量的水中浸泡一晚。倒掉浸泡的水後，用壓力鍋蒸煮60分鐘，或是在滿滿的熱水中燉煮4小時。煮至手指能輕易捏破的軟度後，用濾網濾起放入保存容器中。

2 將納豆菌溶於熱水中

在小器皿中倒入沸水溶解納豆菌。

3 發酵

趁熱將2放入1並蓋起蓋子。

4 發酵

將保存容器放入保麗龍箱，鋪上廚房紙巾，在上面放上暖暖包。蓋上保麗龍箱的蓋子，並用厚毛巾包住。箱內溫度維持在30～40℃，放置20小時。若超過55℃，就打開蓋子等讓溫度下降。

5 進行熟成

大豆的表面佈滿白色，並產生絲線的話，就從保麗龍箱取出放入冷藏進行一天熟成。

【完　成】

可以感受到大豆原味的自製納豆。短時間就能完成也是其魅力。

自製發酵食品×發酵食品食譜

納豆 × 鹽麴

鹽麴納豆油豆腐

〔食材〕2人份

自製納豆…………… 50g
鹽麴……………… 2小匙
海苔……………… ½小匙
長蔥………………… ¼根
油豆腐……………… 2塊

〔作法〕

1.在納豆中加入鹽麴、海苔、碎切的長蔥攪拌混和
2.油豆腐對切成半打開像是袋狀的開口，將1塞入後用牙籤封住。
3.平底鍋熱鍋後，將兩面煎至呈現金黃色。

進階變化　～替換食材～

綜合豆與黑豆的納豆

〔食材〕各160g分量

黑豆…………………………………… 80g
綜合豆（水煮）……………………… 160g
納豆菌………………………………… 0.1g
沸騰熱水…………………………… 4小匙

MEMO

根據原料豆品的不同，做出來的納豆其味道及香氣也會不一樣。色彩鮮艷的納豆在待客的時候非常實用。也可以隨個人喜好加入醬油及辣椒。

〔製法〕

1.將綜合豆放入耐熱容器中鋪上保鮮膜，微波1分鐘。黑豆煮熟。

2.各自放入保存容器中。

※接下來的步驟，與右頁的「基本製作方法」步驟2～5相同。

自製食譜

丹貝

【材料】便於製作的量

大豆…………… 100g
水………………… 1L
醋………………3大匙
太白粉…………1小匙
丹貝菌……… ⅛小匙
燒酎等酒精濃度高的酒……………… 適量

【用具】

- 保存容器
  (塑膠容器也可以)
- 盆碗
- 鍋子
- 塑膠袋
- 空箱
- 暖暖包
- 竹筷
- 捆包用的緩衝材質
- 或厚毛巾
- 溫度計
- 廚房紙巾等

※保存容器為用廚房紙巾酒擦拭消毒。

保存方法

冷藏保存。盡量於3天內食用完畢，用微波爐一片以1分鐘（500W）加熱的話，發酵就會停止，而能延長保存期至1週。

基本的製作方法

1 煮大豆

將清洗乾淨的大豆放入水中浸泡一整晚。在加有醋的水中放入大豆，一邊補水一邊燉煮3個小時。大豆煮至柔軟後用濾網撈起，去除水氣。

2 撥除大豆的薄皮

將大豆的薄皮一顆顆撥除。

3 塗上丹貝菌

在塑膠袋中放入丹貝菌與太白粉混和。加入2後封住袋口，輕輕搖晃讓大豆均勻沾上粉。將大豆以100g為單位裝入容器中後，在蓋子上開幾個小孔讓空氣流通。

4 發酵

在空箱中放入暖暖包，為避免保存容器直接與暖暖包接觸，在暖暖包的上方放筷子，再將保存容器置於其上。蓋上箱子蓋子後包上綑綁用的緩衝材質或厚毛巾，維持30℃放置1天即可。

【完　成】

整體長出白色菌絲即完成。

自製發酵食品×發酵食品食譜

丹貝 × 味噌

油炸丹貝味噌花生醬

〔食材〕2人份

自製丹貝…………… 100g
青椒…………………… 2個
炸油…………………… 適量
A
- 味噌………… 1大匙
- 無糖花生奶油… 20g
- 醋…………… 1大匙
- 砂糖………… 2小匙
- 水…………… 2大匙

〔作法〕

1.將丹貝切成易入口的大小，青椒去籽後，縱切成4等分。
2.丹貝及青椒直接油炸後，盛盤於容器中。
3.將A均勻混和淋在2上。

進階變化　～替換食材～

鷹嘴豆丹貝

〔食材〕
鷹嘴豆………100g　水………………… 1L
醋……………3大匙　太白粉 … 1小匙
丹貝菌……………………………… ⅛小匙

〔製法〕
※與右頁的「基本製作方法」一樣。

推薦的料理

照燒鷹嘴豆丹貝三明治

【食材】1人份
法國長棍麵包…………………… ⅙條
鷹嘴豆丹貝……………………… 100g
橄欖油……………………………1小匙
醬油………………………………1小匙
味醂………………………………1小匙
萵苣………………………………1片
番茄(中) ……………………… ¼個
美乃滋……………………………1小匙
酸瓜………………………………1根

【作法】
1.熱平底鍋中放入橄欖油與丹貝，煎至兩面都上色。加入醬油與味醂，讓丹貝呈焦糖色。
2.番茄以1cm寬度切片。萵苣清洗後擦拭掉水分。
3.將長棍從側邊切開，在麵包上鋪上萵苣、疊上丹貝、塗上美乃滋，在放上番茄。
4.盛盤於器皿，並用酸瓜裝飾。

泡菜

【材料】

白菜	¼個
鹽	1大匙
水①	100ml
小魚乾	15g
水②	75ml
糯米粉	1大匙
水③	50ml
（藥念醬）	
蘿蔔	100g
紅蘿蔔	25g
韭菜	25g
蘋果或水梨	50g
薑	30g
大蒜	1瓣
A 鹽辛小蝦	25g
A 鹽辛魷魚	25g
A 韓國辣椒粒	2大匙
A 魚露	1大匙

※若無鹽辛小蝦時，鹽辛魷魚就取50g。

【用具】

- 塑膠袋
- 鍋子
- 濾網或篩網
- 飯匙
- 鋼盆
- 鋼盤
- 橡膠手套

保存方法

冷藏保存，最好於2週內食用完畢。

基本的製作方法

1 白菜浸泡鹽水

白菜放入塑膠袋中，加入鹽與水①製作的鹽水，冷藏靜置1晚。

2 製作小魚乾的湯頭

去除頭與內臟的小魚乾放入鍋中，加入水②後開火。沸騰後轉小火煮5～6分鐘。

3 製作白糊

鍋中放入糯米粉與水③，將糯米粉均勻混和溶解避免出現結塊。開火後以飯杓混和攪拌成糊狀。

4 製作藥念醬

將蘿蔔、紅蘿蔔、細切成火柴棒狀，韭菜切成1cm長。薑去皮、大蒜去芯、蘋果去皮去芯，各自磨成泥。戴上橡膠手套，在盆中放入薑、大蒜、蘋果、2、3、A均勻攪拌混和後，再放入蘿蔔、紅蘿蔔、韭菜繼續混和。

5 塗上藥念醬

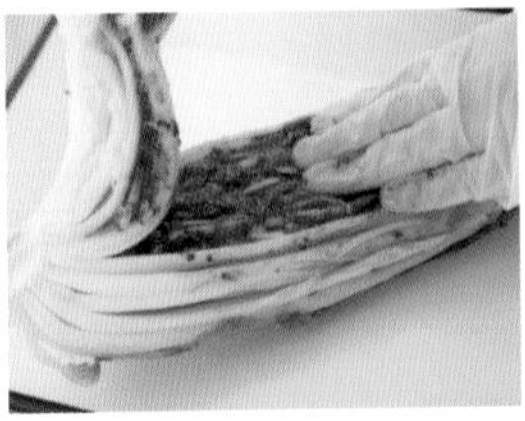

將1輕微擰乾後，一片一片的在葉子上塗滿4。最外側的葉子不塗。

6 捲起白菜

像是要將白菜包起般的，用最外側的葉子將整個包起一圈。

7 發酵

將6放入塑膠袋中並封起袋口，置於常溫一天。第二天起放進冷藏。但在夏天時則是立刻放進冷藏。

【完　成】

第三天時就變成能夠食用的狀態，隨著時間的進展，酸味及風味也會更加濃郁。

進階變化　～替換食材～

使用甘酒的素食泡菜

〔食材〕

白菜	¼個	鹽	1大匙
水①	100ml	糯米粉	1大匙
水②	50ml	蘿蔔	100g
紅蘿蔔	25g	韭菜	25g
蘋果或水梨	50g	薑	30g
大蒜	1瓣	乾香菇	1朵
細切昆布	5g	金針菇	1包
甘酒	4大匙	醬油	4大匙
韓國辣椒粒	2大匙		

MEMO

借助於甘酒的發酵，增添金針菇及昆布的鮮味。由於無使用動物性食材，因此可以做出很清爽的味道。

〔製法〕

1.與右頁的步驟1相同，白菜浸泡於鹽水。

2.金針菇切段，約1cm長，乾煎至柔軟並帶奶油色。

3.與右頁的步驟3相同，製作糯米糊。

4.與右頁的步驟4相同，準備蘿蔔、紅蘿蔔、韭菜、薑、大蒜、蘋果。

5.戴上橡膠手套，盆中放入2、3、韭菜、薑、大蒜、蘋果、甘酒、醬油、韓國辣椒、磨成粉的乾香菇、細切昆布一起攪拌混和。再加入蘿蔔、紅蘿蔔繼續混和。

※之後的步驟，如同右頁的5～7。

優格

【食材】便於製作的量

牛奶……………… 1L
克菲爾菌（kefir）（粉末）……………… 4g
熱水…………… 適量

【用具】

- 保存容器
- 湯匙
- 鍋子
- 厚毛巾

※保存容器與湯匙要煮沸消毒。

保存方法
冷藏保存，一至二星期內盡早食用完畢。

基本的製作方法

1 加熱牛奶

牛奶放入鍋中開火，加熱至30℃左右。

2 加入克菲爾菌

將1放入保存容器，加入克菲爾菌後用湯匙攪拌混和。

3 發酵

容器蓋上蓋子，於25℃的環境中放置一天。氣溫較低時，用毛巾包住容器。

【完　成】

容器的內容物凝固後即完成。清爽的酸味在口中擴散開來。

自製發酵食品×發酵食品食譜

優格 × 味噌

香煎豬排

〔食材〕2人份

自製優格…………… 50g
味噌…………………… 20g
顆粒芥末醬……… 1大匙
里肌肉片…… 100g×2片
沙拉油……………… 適量
高麗菜……………… 適量

〔作法〕

1.優格、味噌、顆粒芥末醬混和後塗於豬肉上，再冷藏一晚。
2.平底鍋中加熱沙拉油，放入1，煎好後盛盤。
3.高麗菜切絲，裝點在旁。

進階變化　～替換食材～

豆漿優格

〔食材〕便於製作的量

原味豆漿……………………………… 1L

克菲爾菌（粉末）……………………… 4g

〔製法〕

※與右頁的「基本的製作方法」相同。

MEMO

帶有恰當的酸味與清爽口感為特徵的豆漿優格。可以依個人喜好放入奇異果等水果，淋上楓糖醬品嘗也很推薦。

甘酒

【材料】 900ml分量

糯米（沒有的話也可以用稻米）………1杯
水①……………600ml
水②……………200ml
米麴（生）…… 200g

【用具】

- 電鍋
- 木飯杓
- 布巾
- 溫度計

保存方法

至於冷藏可以保存1週。由於風味會一直改變，不想讓他變化的話可以置於冷凍保存，或是煮過一次讓發酵中止後再放置冷藏。

基本的製作方法

【完　成】

不只能飲用，還可以代替砂糖運用於料理中。呈現自然的甜味。

1 煮糯米飯

糯米掏洗後，注入水①於電鍋炊煮。

2 冷卻糯米飯

煮好的糯米飯加入水②，降溫至60℃左右。

3 加入米麴

在2中加入撥鬆後的米麴，用木杓均勻混和。

4 發酵

電鍋維持開蓋的狀況設定「保溫模式」，鋪上乾淨的布巾。不時攪拌並靜置6～8小時。溫度下降後，切換成「煮飯模式」等，將溫度維持在60℃～65℃。

自製發酵食品×發酵食品食譜

甘酒 × 優格

清爽特調

〔食材〕2人份

自製甘酒…………… 150g
原味優格（無糖）
……………………… 100ml
蜂蜜……………… 2小匙
冰塊…………………… 適量
檸檬片……………… 適宜

〔作法〕

1.將甘酒、優格、蜂蜜用攪拌機打至柔滑質地。
2.玻璃杯中放入冰塊後，將1注入。
3.依個人喜好添加檸檬片。

進階變化　～替換食材～

「燕麥片的甘酒」

〔食材〕500ml分量

燕麥片	60g
水①	400ml
水②	100ml
米麴	100g
肉桂粉	適宜

MEMO

常見於早餐中的燕麥片，營養非常豐富。與米麴結合的話，帶有溫醇的風味。淡淡清飄的肉桂香為整體更加分。

〔製法〕

1.鍋中放入燕麥片與水①，煮2～3分鐘成粥狀。

2.加入水②與米麴混和

3.鍋子鋪上布巾，將溫度保持在50~60℃並靜置8小時。

4.冷藏冷卻後，注入玻璃杯中，依個人喜好撒上肉桂粉。

自製食譜

用發酵食品
振興鄉鎮

日本各地都流傳著歷史悠久的發酵食品文化。最近有愈來愈多的小鎮，透過當地製作的發酵食品向全國發聲，進行振興小鎮的活動。

例如，日本秋田縣橫手市。自古以來的米麴文化非常盛行，以米麴漬物為首，製作醃漬物、味噌及醬油的釀造、製作甘酒等產業蓬勃發展，尤其秋田縣橫手市的縣南地區，據說在昭和三十年時曾存在著超過一百家的米麴製造廠。為了將前人建構出的發酵文化展現給全日本，於是設立了發酵文化研究所，建置了網站「よこて發酵WEB（http://ft-town.shop-pro.jp）」，販售著以發酵食品為主的橫手市的食品，舉行了各式各樣的活動。還有位於千葉縣的最小小鎮，神崎町，也打著「發酵小鎮山崎」的名號，以「發酵」為主題進行小鎮的振興活動。

就像這樣，以發酵食品為契機，為小鎮找出活力的活動在其他地方也有。為了與新奇的發酵食品相遇，不妨參考看看有興趣的小鎮的網站。

索引

参考文獻

『アジアの発酵食品事典』谷村和八郎 編著（樹村房）
『うまい酒を科学する事典』
酒文化研究所 監修（ナツメ社）
『うまい肉の科学』肉食研究会 著
成瀬宇平 監修（ソフトバンククリエイティブ）
『カツオとかつお節の同時代史』
藤林泰・宮内泰介 編著（コモンズ）
『驚異の発酵食パワー 決定版』
永山久夫 監修（主婦と生活社）
『食いたい！ 男の漬け物』小泉武夫 著（角川書店）
『暮らし上手の発酵食』（エイ出版社）
『賢者の非常食』小泉武夫 著（IDP出版）
『酒かす健康パワー』滝澤行雄 監修（世界文化社）
『酒に謎あり』小泉武夫 著（日本経済新聞社）
『酒の話』小泉武夫 著（講談社）
『至宝の調味料２酢』アスペクト編（アスペクト）
『食材健康大事典』五明紀春 監修（時事通信出版局）
『食肉用語事典』日本食肉研究会 編（食肉通信社）
『スペインの竈から』渡辺万里 著（現代書館）
『世界「香食」大博覧会』小泉武夫 著（徳間書店）
『世界の保存食④ 肉の保存食』
谷澤容子 著　こどもくらぶ編（星の環会）
『素材よろこぶ 調味料の便利帳』
高橋書店編集部 編（高橋書店）
『知識ゼロからの塩麹・しょうゆ麹入門』
高橋香葉 著（幻冬舎）
『漬け物大全』小泉武夫 著（平凡社）
『納豆の快楽』小泉武夫 著（講談社）
『日本のおいしい食材事典』
江上佳奈美 監修（ナツメ社）
『はじめての食品成分表』
香川芳子 監（女子栄養大学出版部）
『発酵』小泉武夫 著（中央公論社）
『発酵食品学』小泉武夫 編著（講談社）
『発酵食品 食材＆使いこなし手帖』
岡田早苗 監修（西東社）
『発酵食品の大研究』小泉武夫 監修（PHP研究所）
『発酵食品の魔法の力』
小泉武夫・石毛直道 編著（PHP研究所）
『発酵食品礼讃』小泉武夫 著（文藝春秋）
『発酵は力なり』小泉武夫 著（日本放送出版協会）
『発酵美人』小泉武夫 著（メディアファクトリー）
『パンの事典』井上好文 監修（旭屋出版）

制作協力

アジア・エスニック食材 シャプラ
福井県鯖江市日の出町2-1 駅前ビル1F
TEL 0778-53-1977
http://www.shapla.jp/

おいしい店★ドットコム
石川県金沢市下近江町17
TEL 076-232-2355
http://www.oishi-mise.com/

大木代吉本店
福島県西白河郡矢吹町本町9
TEL 0248-42-2161

カルディコーヒーファーム
TEL 0120-415-023（お客様相談室）
http://www.kaldi.co.jp/

河内屋酒販株式会社
東京都江戸川区中葛西5-40-15
TEL 03-3869-3939
http://www.rakuten.ne.jp/gold/kawachi/

株式会社 韓国広場
東京都新宿区大久保1-12-1 第2韓国広場ビル
TEL 03-5856-5955
http://www.ehiroba.jp/

有限会社 かんずり
新潟県妙高市西条438-1
TEL 0255-72-3813
http://kanzuri.com/

高知県地産地消・外商課
高知県高知市丸ノ内1-2-20
TEL 088-823-9753
http://www.kochi-marugoto.com/

佐藤水産株式会社
北海道札幌市中央区宮の森3条1丁目5-46
TEL 0120-310-041
http://www.sato-suisan.co.jp/

株式会社 ドンク
兵庫県神戸市東灘区田中町3-19-14
TEL 078-441-5620（広報担当）
http://www.donq.co.jp/

株式会社 大昌貿易行
東京都港区六本木5-18-2 大昌第二ビル
TEL 03-3560-8568
http://www.dch-japan.com/

日本ドライエイジングビーフ普及協会
東京都港区南青山1-8-7
TEL 03-3401-4505
http:// www.dryaging.jp/

株式会社 ミツカン
愛知県半田市中村町2-6
TEL 0120-261-330
http://www.mizkan.co.jp/index.html/

ユニリーバ・ジャパン
東京都目黒区上目黒2-1-1 中目黒GTタワー
TEL 0120-238-827（お客様相談室）
http://www.unilever.co.jp/

器 小物協力

青葉堂
東京都江東区白河1-1-1ファミーユ白河1F
TEL 03-6458-8412
http://aoba-do.com/

仁平古家具店
栃木県真岡市荒町1095
TEL 0285-81-5208
http://www.nihei-furukagu.com/

結語

對手工發酵食品產生興趣之後，吃並無法滿足我想親手做看看的心情。另外有段時間我都跑去參觀酒或醬油的釀造廠。

因為工作的關係，拜訪地方地區的機會也很多，也因此注意到發酵食品能夠表現出地方特色，說得更明白的話，那是連結家家戶戶的東西。這麼一思考，讓我回想起務農的老家裡不管是味噌、漬物、納豆、甜酒，任何東西都是手工製作，而且每天都有季節料理端上餐桌來。

發酵食品是在冰箱還沒發達普及的時候，保存食材的其中一種方法，所以現在隨著時代而逐漸消失，或許也是沒有辦法的事情。不過，發酵文化可以說是前人的智慧，如果就這樣消失不見的話是非常可惜的。發酵是藉由微生物的力量，替地方的風土民情增添了美好的自然食品。

最近，大眾開始認識到發酵食品的健康效益。以前的人也知道對身體好，所以生活中才會一直離不開發酵品，這真的是「太棒了！」。而且不只有日本而已，只要放眼全世界就會發現，在世界各地都有數不清的發酵食品。

美味、健康又能養顏美容，對於益處良多的發酵食品，我的興趣絲毫不減。

另外從現在開始，我希望用當今的生活型態也能接受的方式，持續向大家介紹發酵食品。

發酵料理研究家 **館野 真知子**（監修者）

國家圖書館出版品預行編目資料

健康發酵食品事典 / 小泉武夫, 金內誠, 館野真知子監修 ; 劉冠儀譯. -- 初版. -- 臺中市 : 晨星, 2018.10
面； 公分. --（健康與飲食 ; 126）

ISBN 978-986-443-513-5（平裝）

1.醱酵工業 2.食品工業

463.8　　107015516

健康與飲食 126

健康發酵食品事典

すべてがわかる!「発酵食品」事典

可至線上填回函！

監修　小泉武夫　金內誠　館野真知子
譯者　劉冠儀
攝影　疋田千里　清水亮一　渡邊裕未
插圖　Onoma
食譜　高野忍　木部真希
設計　雄切江梨子　宮下明子
校對　株式会社円水社
協力著作　陶木友治　元孝子　平瀨菜穗子　要
協力編輯　籔智子　三宅隆史
主編　莊雅琦
執行編輯　劉容瑄
實習編輯　鄭舜鴻
封面設計　林麗貞
美術排版　曾麗香

創辦人　陳銘民
發行所　晨星出版有限公司
台中市西屯區工業30路1號1樓
TEL：(04)2359-5820　FAX：(04)2355-0581
行政院新聞局局版台業字第2500號
法律顧問　陳思成律師
初版　西元2018年10月6日

總經銷　知己圖書股份有限公司
106台北市大安區辛亥路一段30號9樓
TEL：02-23672044／23672047　FAX：02-23635741
407台中市西屯區工業30路1號1樓
TEL：04-23595819　FAX：04-23595493
E-mail：service@morningstar.com.tw
網路書店 http://www.morningstar.com.tw
讀者專線　04-23595819 # 230
郵政劃撥　15060393（知己圖書股份有限公司）

印刷　上好印刷股份有限公司

定價320元

ISBN 978-986-443-513-5

SUBETE GA WAKARU! "HAKKOSHOKUHIN" JITEN supervised by Takeo Koizumi, Makoto Kanauchi, Machiko Tateno

Original Japanese edition published in 2013 by SEKAI BUNKA PUBLISHING INC., Tokyo.

This Traditional Chinese language edition is published by arrangement with SEKAI BUNKA PUBLISHING INC., Tokyo in care of Tuttle-Mori Agency, Inc., Tokyo through Future View Technology Ltd., Taipei.

堅果奶、堅果醬料理大全

凱薩琳．阿特金森 著 張鳳珠 譯／定價 390 元

乳糖不耐症的最佳食譜來了！
教你輕鬆手作堅果奶與醬！

把堅果變營養好吃的秘訣，其實很簡單，只需浸泡再加水打成奶或糊，新鮮美味又便宜！同時介紹各種堅果、種子的營養與秘訣，教你自製堅果奶、堅果醬，並示範 72 道米其林級的經典料理食譜。

圖解版健康用油事典：從椰子油到蘇籽油，找到並選擇適合自己的油品

YUKIE 著／高淑珍 譯／定價：380 元

期盼這本書能為你締造與「命運之油」邂逅的良機。

「油」是人體不可或缺的物質，它不僅是構成身體細胞所需的重要成分，提供身體代謝能量，與我們的心臟、血管、神經、荷爾蒙或皮膚、毛髮等，都有密切的關係。

椰子用法大全：一瓶椰子油搞定你的生活，讓你愛上椰子的 70 道神奇料理

凱薩琳．阿特金森 著 郭珍琪 譯／定價 320 元

簡單、天然！ 70 道經典美味料理，
吃出椰子的驚人療癒力！

椰子含有豐富的鉀、鎂等礦物質，而且熱量低、不含脂肪與無膽固醇，近期研究還發現能預防阿茲海默症。本書教你如何將椰子變成一道道美味的料理，讓你吃得開心又健康！

肉、蛋、起司減肥法

渡邊信幸 著 盧宛瑜 譯／定價 350 元

日本熱議！餐餐吃肉也能減肥！
超過 4000 人嘗試，能減去 10~20kg 並改善體質！

你想擁有窈窕又健康的身體嗎？想要離美夢中的自己更近嗎？讓沖繩的渡邊醫師帶你一次了解什麼是 MEC 飲食，從預防醫學而生的不忌口減肥術，讓你愈吃愈瘦愈健康，餐餐吃得開心又能維持體態！